高等职业教育"十四五"规划教材

现代油料作物绿色生产技术

高广金　梅香生　主编

中国农业大学出版社
·北京·

内容简介

本教材是根据“一村多名大学生计划”的培养要求，结合新型农业经营主体的培育，围绕现代油料作物绿色生产，突出新品种、新模式、新农机和新技术，理论知识与实践操作相结合，科技推广与典型实例相印证，语言简明，通俗易懂，既便于课堂教学，又利于学员自学，力求一看就懂，一学就会，一干就成。

本教材内容分为五章，第一章全面阐述了国际国内植物油生产、贸易、消费市场信息，以及发展趋势；第二章至第五章，分别介绍了油菜、花生、芝麻和油莎豆的起源与传播、优势生产区域、生长发育特性、主要栽培技术、产品储藏与加工等，为加快植物油生产发展，满足市场供求，提供技术支撑。

图书在版编目(CIP)数据

现代油料作物绿色生产技术 / 高广金，梅香生主编. -- 北京：中国农业大学出版社，2022. 6

ISBN 978-7-5655-2774-6

Ⅰ. ①现… Ⅱ. ①高… ②梅… Ⅲ. ①油料作物－栽培技术 Ⅳ. ①S565

中国版本图书馆 CIP 数据核字(2022)第 077615 号

书　名 现代油料作物绿色生产技术

作　者 高广金　梅香生　主编

策划编辑 张　玉　　**责任编辑** 田树君

封面设计 郑　川

出版发行 中国农业大学出版社

社　址 北京市海淀区圆明园西路 2 号　　**邮政编码** 100193

电　话 发行部 010-62733489，1190　　读者服务部 010-62732336

编辑部 010-62732617，2618　　出　版　部 010-62733440

网　址 http://www.caupress.cn　　**E-mail** cbsszs @ cau.edu.cn

经　销 新华书店

印　刷 北京溢漾印刷有限公司

版　次 2022 年 7 月第 1 版　　2022 年 7 月第 1 次印刷

规　格 170 mm×240 mm　　16 开本　　12.5 印张　　200 千字

定　价 38.00 元

编写人员

主　编　高广金（全国劳模高广金农业科技创新工作室）
　　　　梅香生（湖北省农业科技人才办公室）

副主编　王海萍（湖北生物科技职业学院）
　　　　王新发（中国农业科学院油料作物研究所）
　　　　孙　琛（湖北省现代农业展示中心）
　　　　易礼美（湖北省五峰土家族自治县农业农村局）

参　编　（按姓氏拼音排序）
　　　　陈　威（湖北省农业广播电视学校）
　　　　陈连举（湖北省长阳土家族自治县农业农村局）
　　　　陈沛炯（湖北省巴东县经济作物技术推广站）
　　　　陈尚国（湖北省巴东县种子管理局）
　　　　程　泰（湖北省油菜办公室）
　　　　丁寒卉（湖北省沙洋县农业农村局）
　　　　候晓静（湖北省荆门（中国农谷）农业科学研究院）
　　　　蒋　博（湖北省油菜办公室）
　　　　黎璟萍（湖北省农业技术推广总站）
　　　　梅　坪（湖北省宜昌市秭归县农业综合执法大队）
　　　　瞿　勇（湖北省恩施土家族苗族自治州农业科学研究院）
　　　　宋述元（湖北省潜江市农业技术推广中心）
　　　　唐志军（湖北省天门市农业广播电视学校）
　　　　王夕珂（湖北省枣阳市种植业技术推广服务站）
　　　　王长久（湖北省咸丰县农业农村局）
　　　　杨志远（湖北省应城市农业技术推广中心）
　　　　张　勇（湖北省襄阳市襄州区农业技术推广中心）
　　　　张世宏（湖北省竹山县种子管理局）
　　　　张艳欣（中国农业科学院油料作物研究所）
　　　　郑青峰（武汉亚非种业有限责任公司）

前　言

民以食为天，食以油为精，植物油为要。植物油是从富含油脂的植物果实、种子、胚芽中加工提炼的，由不饱和脂肪酸和甘油化合而成食用油，是人们日常生活的必需品，具有提供能量、补充营养、治疗疾病和增强记忆等功效。

油料植物分为两大类：一类是一年生油料作物，如花生、油菜、芝麻、向日葵、胡麻、红花籽、棉花籽、油莎豆及玉米胚等；另一类是多年生木本油料植物，如油棕、油茶、油橄榄、椰子、核桃、牡丹、山桐子等。

近年来，全球油籽年产量在 6 亿 t 左右，食用植物油达 2 亿多 t。随着世界人口数量的增加，人们生活水平的日益改善，对植物油的需求量随之增多，质量要求不断提高。但是，由于耕地数量的限制，以及种粮与种油用地的矛盾越来越突出，尤其是我国人口众多，耕地资源不足，粮食与食用油供不应求将长期存在，食用植物油短缺问题更加突出，年需求食用植物油量约 3 500 万 t，而国产只有 1 200 万 t 左右，2/3 依赖进口。

为充分挖掘国产植物油生产潜力，提高油料作物种植水平，缓解供求矛盾。我们组织从事植物油产业的专业技术人员，编写了油菜、花生、芝麻三大主要油料作物，以及开发潜力比较大的油莎豆的生产技术。本书着重介绍了油料作物起源与发展、科学种植技术、高产高效生产模式、加工转化增效和市场供求信息等内容。可供广大农业科技工作者、新型农业经营主体、从事油料加工与经贸企业人员，在发展食用植物油产业上，因地制宜参考。

本书在编写过程中得到了科研、教学、推广和加工业与经贸等行业专家们的大力支持，在此一并表示感谢！由于时间仓促和作者水平有限，书中有错误和不完善之处，敬请各位学者、读者提出宝贵意见，以利于纠正。

编　者

2022 年 2 月

目　录

第一章

全球植物油产销情况

植物油是以食用植物油料或植物原油为原料制成的食用油。

世界油料作物生产发展很快，目前已成为仅次于粮食作物的第二大作物类型。世界五大洲均有油料作物种植，主要分布在亚洲和美洲大陆，收获面积占世界种植面积的70%以上，其次是非洲。油料主产国有美国、印度、中国、巴西、阿根廷、印度尼西亚、马来西亚等。大豆、油菜、花生和向日葵是世界四大油料作物。2020年全球食用植物油产量达到20 834万t，世界人均27 kg。油茶、油棕、油橄榄、椰子并称为世界四大木本油料植物。

第一节　植物油产销信息

一、全球植物油供求状况

（一）全球食用植物油产量

食用植物油是以食用植物油料或植物原油为原料制成的食用油脂。生活中常见的如大豆油、菜籽油、花生油、芝麻油、食用植物调和油等。

据美国农业部（USDA）数据显示，2017—2018年全球食用植物油产量为20 338万t，同比增长2.3%；2018—2019年，20 391万t，同比增长0.3%。增幅下降的主要原因是菜籽油、棕榈油和椰子油减产，另外，2019年度全球豆油产量也出现不同程度的下滑。

根据美国 USDA 数据显示，2020 年全球食用植物油产量为 20 600 万 t，较上年增长 1.02%（表 1-1）。其主要原因是中国出色的疫情防控能力和疫情防控成绩促使了中国经济复苏，在一定程度上促进了全球食用植物油的增长。

表 1-1　2015—2020 年全球食用植物油产量及增长情况

项目	2015 年	2016 年	2017 年	2018 年	2019 年	2020 年
产量/万 t	17 654	18 885	19 872	20 338	20 391	20 600
增长率/%		6.97	5.23	2.35	0.26	1.02

资料来源：USDA

（二）棕榈油产量占比最高

分种类来看，棕榈油、大豆油和菜籽油产量排名前三名，2019 年分别占比 35%、28%和 13%，合计占比 76%。从产量结构中也可以看出来，棕榈油和大豆油的产量相差不太大，其次棕榈油和大豆油在价格方面也相差不大，这就造成了大豆油对棕榈油有较强的替代效应。

2020 年全球食用植物油行业细分种类产量占比统计情况，棕榈油占 35.0%、大豆油占 28.0%、菜籽油占 13.0%、葵花籽油占 10.0%、棕榈油占 4.0%、花生油占 3.0%、棉籽油占 3.0%、椰子油占 2.0%、橄榄油占 2.0%。

（三）中国食用植物油产量位居全球第二

2018—2019 年，印度尼西亚、中国和马来西亚位列全球食用植物油产量前三名。2019 年印度尼西亚食用植物油产量为 4 834 万 t，中国为 2 652 万 t，而马来西亚为 2 072 万 t（表 1-2）。虽然在植物油产量总额上面中国排名比较靠前，但是其内部结构存在差异化，中国主要是大豆油等，而马来西亚和印度尼西亚则是以棕榈油为主。

表 1-2　2018—2019 年全球主要国家食用植物油产量对比情况　　万 t

年份	印度尼西亚	中国	马来西亚	欧盟	美国	阿根廷	巴西
2018	4 722	2 643	2 324	1 892	1 220	948	947
2019	4 834	2 652	2 072	1 824	1 244	962	985

资料来源：USDA

（四）全球食用植物油消费量突破 2 亿 t

2018 年，全球共消费食用植物油 20 038 万 t，同比增长 3.9%，其中中国、欧盟、印度为食用植物油消费前三大经济体，消费量分别为 3 767 万 t、2 693 万 t 和 2 379 万 t。2019 年全球食用植物油消费增速为－0.1%，消费量 20 027 万 t。根据美国 USDA 数据显示，2020 年全球食用植物油消费量为 20 589 万 t（表 1-3）。

表 1-3　2015—2020 年全球食用植物油消费量统计及增长情况

项目	2015 年	2016 年	2017 年	2018 年	2019 年	2020 年
消费量/万 t	17 757	18 326	19 291	20 038	20 027	20 589
增长率/%		3.2	5.3	3.9	－0.1	2.8

资料来源：USDA

（五）中国需求增长较大

中国 2019 年食用植物油消费量为 3 818 万 t，占全球食用植物油消费量的 19.06%；欧盟食用植物油消费量为 2 665 万 t，占全球食用植物油消费量的 13.31%；印度食用植物油消费量为 2 270 万 t，占全球食用植物油消费量的 11.33%（表 1-4）。

表 1-4　2018—2019 年全球主要国家食用植物油消费量对比情况　　万 t

年份	中国	欧盟	印度	印度尼西亚	美国	巴西	马来西亚	巴基斯坦
2018	3 836	2 714	2 289	1 410	1 589	891	528	468
2019	3 818	2 665	2 270	1 713	1 594	923	485	475

资料来源：USDA

但是，从 2020 年开始，印度停止进口马来西亚棕榈油，用其他食用油来替代棕榈油，令全球食用油贸易流受到干扰。印度出台政策，限制进口精炼棕榈油，印度贸易商还暂停从马来西亚进口毛棕榈油。但是预计这种影响只是短期的，长期而言，印度人口基数大，国内对于食用油需求较大。

二、中国植物油供求状况

随着我国经济发展水平的不断提高，人们的生活质量得到了显著的提高，植物油的消费以及食用量需求越来越大。近年来，国内食用植物油在 3 500 万 t 以上，国产油料榨出的油脂数量只有 1 200 万 t 左右，供需缺口很大，依靠进口保供给。

（一）油料作物生产情况

我国油料作物主要是花生、油菜籽、芝麻、胡麻籽、葵花籽、棉籽等一年生油料作物，以及少量的油茶籽、核桃等多年生木本油料植物。

一年生油料作物种植面积保持稳定，产量提高，1990 年全国油料作物种植面积 16 350 万亩，总产量 1 613.2 万 t，2000 年种植面积达到 23 100 万亩，总产量 2 954.8 万 t，最近几年种植面积稳定在 19 500 万亩左右，总产量在 3 400 万 t 以上（表 1-5）。

表 1-5　1990—2000 年全国油料作物生产情况　　万亩，万 t

项目	1990 年	1995 年	2000 年	2016 年	2017 年	2018 年	2019 年	2020 年
播种面积	16 350	19 653	23 100	19 787	19 835	19 308	19 388	19 694
总产量	1 613	2 250	2 955	3 400	3 475	3 433	3 493	3 586
其中：花生	637	1 024	1 444	1 636	1 709	1 733	1 752	1 799
油菜籽	696	978	1 138	1 313	1 327	1 328	1 349	1 405
芝麻	47	58	81	35	37	43	47	46
胡麻籽	54	36	34	33	30	34	33	28
葵花籽	134	127	195	320	315	249	266	257

资料来源：中国农村统计年鉴，2021 年

（二）油籽和植物油进口情况

我国进口油籽产品主要是大豆、油菜籽、芝麻和棉籽等。油籽进口量逐年增加，1995 年食用油籽进口量为 41.6 万 t，其中大豆 29.8 万 t、油菜籽 9.2 万 t、芝麻 0.4 万 t；2000 年食用油籽进口量上升到 1 340 万 t，其中大豆 1 042 万 t、油菜籽 267 万 t；2010 年食用油籽进口量突破 5 000 万 t，达到 5 705 万 t，其中大豆 5 480 万 t、油菜籽 160 万 t、芝麻 39 万 t、棉籽 1.6 万 t；2017 年食用油籽进口量超过 1 亿 t，达到 10 210.5 万 t，其中大豆 9 553 万 t、油菜籽 475 万 t、芝麻 71 万 t、棉籽 26 万 t；2020 年大豆进口量突破 1 亿 t（表 1-6）。

食用植物油进口量呈波动式的增长，进口产品主要是棕榈油、大豆油、油菜籽油和花生油。1995 年进口食用油 362.7 万 t，2000 年 187.1 万 t，2010 年 826.2 万 t，2020 年达到 1 169.5 万 t（表 1-7）。

表 1-6　1995—2020 年我国油籽进口量　　万 t

项目	1995 年	2000 年	2010 年	2016 年	2017 年	2018 年	2019 年	2020 年
油籽进口量	41.6	1 340.4	5 704.6	8 952.9	10 210.5	9 448.9	9 330.8	10 000.0
其中：大豆	29.8	1 041.9	5 479.7	8 391.3	9 552.6	8 803.4	8 858.6	10 032.7
油菜籽	9.2	266.9	160.0	256.6	474.8	475.6	273.7	111.4
芝麻	0.4	0.2	39.1	93.2	71.2	82.8	81.2	88.9
棉籽	0	0	1.6	7.6	26.4			

资料来源：农业农村部《中国农产品贸易发展报告》

表 1-7　1995—2020 年我国食用植物油进口量　　万 t

项目	1995 年	2000 年	2010 年	2016 年	2017 年	2018 年	2019 年	2020 年
植物油进口量	362.7	187.1	826.2	688.4	742.8	808.7	1 152.7	1 169.5
其中：棕榈油	139.7	139.1	569.6	447.8	507.9	532.7	755.2	646.1
大豆油	148.2	30.8	134.1	56.0	65.3	54.9	82.6	96.3
菜籽油	63.1	7.5	98.5	70.0	75.7	129.6	161.5	195.2
花生油	1.4	1.0	6.8	10.7	10.8	12.8	19.0	26.9
葵花籽油				95.7	74.5	70.3	122.9	195.4

资料来源：农业农村部《中国农产品贸易发展报告》

（三）植物油消费量

食用植物油是人民群众的生活必需品，其消费量已成为衡量一个国家人民生活水平的重要标志，并在国家食物安全中占有重要的地位，保障供给安全，对促进经济发展和社会稳定具有重要意义。近年来，全国植物油消费量超过 3 500 万 t，随着人口的增长，特别是人民生活水平的不断提高，我国对食用植物油的消费需求将持续增长，而国内食用油料生产发展缓慢，不能满足这种需求，缺口将长期存在，而且还有增大的趋势（表 1-8）。

表 1-8　2016—2020 年我国食用油消费量　　万 t

项目	2016 年	2017 年	2018 年	2019 年	2020 年
植物油消费量	3 165	3 377	3 450	3 511	3 545
其中：大豆油	1 360	1 530	1 525	1 485	1 510
菜籽油	820	865	863	850	750
花生油	250	262	280	293	306
棕榈油	340	320	370	430	463
其他油脂	701	260	412	453	786

资料来源：国家粮油信息中心

第二节　一年生油料作物食用油供求状况

一、大豆油

大豆指的是黄豆，是豆科大豆属一年生草本，是重要的粮食作物和油料兼用作物。

（一）全球大豆油供求状况

从全球市场来看，2020 年全球大豆产量有所上升，据美国农业部数据显示，2020 年全球大豆种植面积 19.05 亿亩，总产量为 36 205 万 t，同比增长 7.6%（表 1-9）。

表 1-9　2014—2020 年全球大豆产量

项目	2014 年	2015 年	2016 年	2017 年	2018 年	2019 年	2020 年
大豆产量/万 t	32 001	31 371	34 977	34 293	36 104	33 647	36 205
增长率/%		−2.0	11.5	−2.0	5.3	−6.8	7.6

资料来源：USDA

豆油在世界植物油生产和消费中占有重要地位，全球豆油产量和消费量均呈现上升态势。2020 年全球大豆油产量为 6 030.8 万 t，同比增长 4.2%；全球大豆油消费量为 5 955.8 万 t，同比增长 5.1%（表 1-10）。

表 1-10　2016—2020 年全球大豆油产量及消费量　　万 t

项目	2016 年	2017 年	2018 年	2019 年	2020 年
产量	5 381.4	5 515.1	5 582.3	5 787.3	6 030.8
消费量	5 342.6	5 447.9	5 512.2	5 666.7	5 955.8

资料来源：USDA

全球大豆油贸易量也不断上升。2020 年全球大豆油进口量为 1 117.7 万 t，同比下降 0.5%；全球大豆油出口量为 1 200.2 万 t，同比增长 0.4%（表 1-11）。

表 1-11 2016—2020 年全球大豆油进出口量 万 t

项目	2016 年	2017 年	2018 年	2019 年	2020 年
进口量	1 098.0	983.2	1 062.8	1 123.5	1 117.7
出口量	1 132.8	1 056.1	1 117.4	1 195.0	1 200.2

资料来源：USDA

（二）中国大豆油供求状况

中国农业农村部从 2019 年起实施大豆振兴计划，提出扩大国产大豆种植面积、提高单产水平、改善产品品质、延伸产业链条，努力增加大豆有效供给，提升国产大豆自给水平。2020 年中国大豆播种面积为 14 805 万亩，同比增长 5.8%；中国大豆产量为 1 960 万 t，同比增长 8.3%；中国大豆需求量为 11 985 万 t，同比增长 12.5%（表 1-12）。

表 1-12 2014—2020 年中国大豆产量、需求量及播种面积

项目	2014 年	2015 年	2016 年	2017 年	2018 年	2019 年	2020 年
产量/万 t	1 269	1 237	1 360	1 528	1 597	1 810	1 960
需求量/万 t	8 389	9 393	9 793	11 070	10 387	10 657	11 985
播种面积/万亩	10 647	10 241	11 399	12 368	12 620	13 998	14 805

资料来源：国家统计局

中国是全球主要的大豆消费国，主要靠进口。2020 年中国大豆进口量为 10 032.7 万 t，同比增长 13.3%；中国大豆出口量为 8 万 t，同比下降 30.5%（表 1-13）。

表 1-13 2014—2020 年中国大豆进出口量 万 t

项目	2014 年	2015 年	2016 年	2017 年	2018 年	2019 年	2020 年
进口量	7 140	8 169	8 391	9 553	8 803	8 851	10 033
出口量	21	13	13	11	13	11	8

资料来源：2021 年中国农村统计年鉴，海关进出口主要农产品数量

豆油在世界植物油生产和消费中占有重要地位，近年来，豆油的消费量一直保持着逐年上升的态势。2020 年中国大豆油产量为 1 774.1 万 t，同比增长 8.2%；中国大豆油需求量为 1 859.6 万 t，同比增长 9.2%（表 1-14）。

大豆油进口量远远大于出口量。2020 年中国大豆油进口量为 96.3 万 t，同比

增长 16.6%；中国大豆油出口量为 10.8 万 t，同比下降 45.3%（表 1-15）。

表 1-14　2014—2020 年中国大豆油产量及需求量　　万 t

项目	2014 年	2015 年	2016 年	2017 年	2018 年	2019 年	2020 年
产量	1 335.0	1 460.5	1 577.0	1 612.8	1 523.2	1 639.7	1 774.1
需求量	1 438.5	1 531.9	1 624.9	1 665.2	1 556.3	1 702.5	1 859.6

资料来源：国家统计局，智研咨询整理

表 1-15　2014—2020 年中国大豆油进出口量　　万 t

项目	2014 年	2015 年	2016 年	2017 年	2018 年	2019 年	2020 年
进口量	113.5	81.8	56.0	65.3	54.9	82.6	96.3
出口量	10.0	10.4	8.1	12.9	21.8	19.8	10.8

资料来源：中国海关

据中国海关数据显示，2020 年中国大豆油进口额为 72 537 万美元，同比增长 22.3%；中国大豆油出口额为 10 222 万美元，同比下降 45.4%（表 1-16）。

表 1-16　2014—2020 年中国大豆油进出口额　　万美元

项目	2014 年	2015 年	2016 年	2017 年	2018 年	2019 年	2020 年
进口额	109 244	64 589	45 208	53 644	43 779	59 305	72 537
出口额	13 131	12 387	8 914	13 476	20 961	18 710	10 222

资料来源：中国海关

2020 年中国大豆油进口额最高地区为俄罗斯，进口额为 21 697.1 万美元；其次为阿根廷，进口额为 21 358.8 万美元；再次为巴西，进口额为 14 920.0 万美元（表 1-17）。

表 1-17　2020 年中国大豆油进口额前几名的国家　　万美元

地区	俄罗斯	阿根廷	巴西	乌克兰	白俄罗斯
进口额	21 697.1	21 358.8	14 920.0	8 955.9	2 887.0
地区	美国	土耳其	越南	哈萨克斯坦	
进口额	1 385.1	671.0	167.9	108.4	

资料来源：国家统计局，中国海关

2020 年中国大豆油出口额最多的地区为朝鲜，出口额为 6 583.5 万美元；马来西亚出口额为 529.8 万美元（表 1-18）。

表 1-18　2020 年中国大豆油出口额前几名的国家　　万美元

地区	朝鲜	马来西亚	新加坡	蒙古
出口额	6 583.5	529.8	307.6	111.5

地区	韩国	埃塞俄比亚	澳大利亚	加拿大	吉布提
出口额	59.2	58.5	58.3	45.1	30.3

资料来源：国家统计局

二、菜籽油

油菜籽也称为芸薹籽，是十字花科作物油菜的种子。菜籽油就是我们俗称的菜油，又称油菜籽油、香菜油、芸薹油、芥花油，是用油菜籽榨出来的一种食用油，是我国主要食用油之一，主产于长江流域及西南、西北等地，产量居世界首位。

中国经过近 10 年努力，使传统的劣质高芥酸菜籽油变革成了大宗植物油中营养品质最好的低芥酸菜籽油，到 2020 年我国油菜籽双低率达到了 90%以上，菜籽油营养成分有油酸、亚油酸、亚麻酸、生育酚和菜籽甾醇等。

（一）全球菜籽油供求状况

人体对菜籽油的吸收率很高，可达 99%，因此它所含的亚油酸等不饱和脂肪酸和维生素 E 等营养成分能很好地被机体吸收，具有一定的软化血管、延缓衰老的功效。2020 年全球菜籽油产量为 2 773 万 t，同比下降 1%；全球菜籽油消费量为 2 767 万 t，同比下降 1.4%（表 1-19）。

表 1-19　2016—2020 年全球菜籽油产量及消费量　　万 t

项目	2016 年	2017 年	2018 年	2019 年	2020 年
产量	2 754	2 793	2 771	2 802	2 773
消费量	2 890	2 886	2 808	2 806	2 767

资料来源：USDA

受全球疫情影响，2020 年全球菜籽油进口量为 523 万 t，同比下降 6.1%；全球菜籽油出口量为 547 万 t，同比下降 3%（表 1-20）。

表 1-20　2016—2020 年全球菜籽油进出口量　　万 t

项目	2016 年	2017 年	2018 年	2019 年	2020 年
进口量	439	455	487	557	523
出口量	450	461	496	564	547

资料来源：USDA

（二）中国菜籽油供求状况

中医理论认为，菜籽油味甘、辛，性温，可润燥杀虫、散火丹、消肿毒，临床用于蛔虫性及食物性肠梗阻，效果较好。所以中国菜籽油需求量较高，2020 年中国菜籽油表观需求量为 1 513 万 t，同比增长 0.3%；中国菜籽油产量为 1 320 万 t，同比下降 2.1%（表 1-21）。

表 1-21　2016—2020 年中国菜籽油产量及需求量　　万 t

项目	2016 年	2017 年	2018 年	2019 年	2020 年
产量	1 313	1 327	1 328	1 349	1 320
需求量	1 382	1 401	1 456	1 509	1 513

资料来源：USDA

据中国海关数据显示，2020 年中国菜籽油进口量为 193.2 万 t，同比增长 19.6%；中国菜籽油出口量为 0.3 万 t，同比下降 72.7%（表 1-22）。

表 1-22　2014—2020 年中国菜籽油进出口量　　万 t

项目	2014 年	2015 年	2016 年	2017 年	2018 年	2019 年	2020 年
进口量	81.0	81.5	71.4	75.7	129.6	161.5	193.2
出口量	0.7	0.5	0.5	2.1	1.5	1.1	0.3

资料来源：中国海关

2020 年中国菜籽油出口量较多地区是美国，出口量为 26.28 t（表 1-23）。

表 1-23　2020 年中国菜籽油出口量前几名的国家　　t

地区	美国	阿联酋	澳大利亚	马来西亚
出口量	26.28	4.94	3.73	2.28
地区	韩国	俄罗斯	朝鲜	加拿大
出口量	1.41	0.13	0.10	0.08

资料来源：中国海关

2020 年中国菜籽油进口数量最多地区为加拿大，进口量为 103.41 万 t，其次是俄罗斯，为 21.75 万 t；再次是澳大利亚，为 7.27 万 t（表 1-24）。

表 1-24　2020 年中国菜籽油进口量前几名的国家　万 t

地区	加拿大	俄罗斯	澳大利亚	法国
进口量	103.41	21.75	7.27	6.86
地区	乌克兰	哈萨克斯坦	德国	英国
进口量	6.20	3.36	1.97	0.75

资料来源：中国海关

据中国海关数据显示，2020 年中国菜籽油进口额为 164 112 万美元，同比增长 23.7％；中国菜籽油出口额为 360 万美元，同比下降 63.6％。

三、花生油

花生是地上开花，花落以后，子房落于土中，生长结实，所以叫花生或落花生。花生是主要的油料作物，花生油淡黄透明、色泽清亮、气味芬芳、滋味可口，是一种比较容易消化的食用油。花生油含不饱和脂肪酸 80％以上（其中含油酸 41.2％，亚油酸 37.6％），另外还含有软脂酸、硬脂酸和花生酸等饱和脂肪酸 19.9％。花生油的脂肪酸构成是比较好的，易于人体消化吸收。

（一）全球花生油供求状况

受全球新型冠状病毒影响，2020 年全球花生油产量为 611 万 t，同比下降 2.2％；全球花生油消费量为 615 万 t，同比下降 3.3％（表 1-25）。

据美国农业部数据显示，2020 年全球花生油进口量为 33 万 t，同比增长 6.5％；全球花生油出口量为 35 万 t，同比增长 2.9％（表 1-26）。

表 1-25　2016—2020 年全球花生油产量及消费量　万 t

项目	2016 年	2017 年	2018 年	2019 年	2020 年
产量	572	592	586	625	611
消费量	556	574	595	636	615

资料来源：USDA

（二）中国花生油供求状况

花生油含锌量是色拉油、菜籽油、豆油的许多倍。虽然补锌的途径很多，但油脂是人们日常必需的补充物，所以食用花生油特别适宜于大众补锌。2020 年中国花生油消费量为 317.5 万 t，同比下降 6.1%（表 1-27）。

表 1-26　2016—2020 年全球花生油进出口量　　万 t

项目	2016 年	2017 年	2018 年	2019 年	2020 年
进口量	23	24	29	31	33
出口量	27	28	31	34	35

资料来源：USDA

表 1-27　2016—2020 年中国花生油消费量及增速

项目	2016 年	2017 年	2018 年	2019 年	2020 年
消费量/万 t	280.7	296.6	309.1	338.2	317.5
增速/%		5.7	4.2	9.4	−6.1

资料来源：USDA

近年来，非洲、东南亚国家花生生产迅速发展，国内花生压榨原料价格高于国际市场，加上国内花生油消费需求旺盛，我国花生油进口量逐年增加，2020 年为 269 490 t，同比增长 38.6%。出口量为 12 350 t，同比增长 38.6%（表 1-28）。

表 1-28　2014—2020 年中国花生油进出口量　　t

项目	2014 年	2015 年	2016 年	2017 年	2018 年	2019 年	2020 年
进口量	93 737	127 694	106 963	108 136	128 263	194 415	269 490
出口量	9 996	9 347	9 415	8 471	10 158	9 834	12 350

资料来源：中国海关

据中国海关数据显示，2020 年中国花生油进口额为 43 257 万美元，同比增长 92.1%；中国花生油出口额为 2 661 万美元，同比增长 41.9%。

2020 年中国花生油进口额最多地区为印度，进口额为 18 446.76 万美元；其次是巴西，花生油进口额为 8 667.53 万美元；再次是阿根廷，花生油进口额为 8 379.46 万美元。

四、芝麻油

芝麻是胡麻科芝麻属植物。芝麻一开始叫胡麻，是外来物种，后来改称芝麻，芝的意思是带有香气。

（一）芝麻油的分类

芝麻油古称胡麻油，现在又称香油、麻油，是一种日常生活中常用的调味品。芝麻油分为普通芝麻油、机榨芝麻油和小磨香油三种。

1. 普通芝麻油

简称大槽麻油。它以芝麻为原料，是用一般压榨法、浸出法或其他方法制取的芝麻油的统称。一般用作烹调油，也可作为调味油和制作糕点、糖果、食品的主要辅料，按国家标准，分为一级普通芝麻油和二级普通芝麻油。

2. 机榨芝麻油

又称香麻油、麻油，它以芝麻为原料，通过特定的工艺，由机榨制取，具有显著的芝麻油香味，用途与小磨香油相同。按国家标准，分为一级机榨香油和二级机榨香油。

3. 小磨香油

简称小磨油，又称小磨香麻油。它以芝麻为原料，用水代法加工制取，具有浓郁的独特香味，是良好的调味油。按国家标准，分为一级小磨香油和二级小磨香油。产品销售旺盛，每年还有一定数量销往东南亚各国。

（二）芝麻油产量

芝麻油是一种日常生活中的调味品，许多人都喜爱它，还有很多鲜为人知的特殊功效。芝麻油有延缓衰老的作用，含有丰富的维生素 E，具有促进细胞分裂和延缓衰老的功能；保护血管的作用，含有 85%左右的油酸、亚油酸等不饱和脂肪酸，容易被人体分解吸收和利用，以促进胆固醇的代谢，并有助于消除动脉血管壁上的沉积物；润肠通便的作用，习惯性便秘患者，早、晚空腹喝一口香油，能润肠通便；减轻咳嗽的作用，睡前喝一口香油，第二天起床后再喝一口，咳嗽能明显减轻，坚持数天可治愈咳嗽。经常食用芝麻油可调节毛细血管的渗透作用，加强人体组织对氧的吸收能力，改善血液循环，促进性腺发育，延缓衰老，保持青春。

2019 年全球芝麻油产量为 102 万 t，同比增长 3.7%；中国芝麻油产量为 30.78 万 t，同比增长 1.8%（表 1-29）。

表 1-29 2014—2019 年全球及中国芝麻油产量 万 t

项目	2014 年	2015 年	2016 年	2017 年	2018 年	2019 年
全球芝麻油产量	93.23	101.23	114.15	110.90	105.91	102.00
中国芝麻油产量	25.36	26.93	29.18	29.97	30.24	30.78

资料来源：FAO

（三）芝麻油进出口

中国海关数据显示，2020 年中国芝麻油出口量为 6 952 t，同比增长 22.7%；中国芝麻油进口量为 1 043 t，同比增长 42%（表 1-30）。

表 1-30 2015—2020 年中国芝麻油进出口量 t

项目	2015 年	2016 年	2017 年	2018 年	2019 年	2020 年
进口量	1 791	2 274	1 728	1 843	734	1 043
出口量	3 132	4 539	5 438	5 781	5 665	6 952

资料来源：中国海关

五、葵花籽油

葵花籽是向日葵植物的籽实，含有丰富的脂肪，平均有 30%～45%的脂肪含量，最多的可达 60%。从行业产业链下游来看，葵花籽主要分为食用用途与饲料用途，在食品领域中，葵花籽主要包括炒货加工、压榨葵花籽油以及其他食品加工领域。用葵花籽榨出的食用油颜色金黄，澄清透明，气味清香，含有大量的亚油酸等人体必需的不饱和脂肪酸，是一种优质、高档、营养的食用植物油。葵花籽油具有预防癌症、治疗夜盲症、降低血压以及促进细胞再生、降低甘油三酯等功效与作用。

（一）全球葵花籽油供求状况

与其他油料作物相比，葵花籽在如今仍属于一种新兴的油料作物。在全球范围内，乌克兰是葵花籽产量最大的国家，2019 年葵花籽产量达到全球比重的 29%；其次是俄罗斯，产量占比为 23%；然后是欧盟与阿根廷，产量占比分别为 18.9%和 7.6%。

全球葵花籽油料产量从 2016 年的 4 823 万 t 增长到 2019 年的 5 504 万 t，年复合增长率为 3.36%；全球葵花籽油压榨量从 2016 年的 4 312 万 t 增长到

2019 年的 5 033 万 t，年复合增长率为 3.94%（表 1-31）。

表 1-31　2016—2019 年全球葵花籽产量与葵花籽油压榨量　万 t

项目	2016 年	2017 年	2018 年	2019 年
葵花籽产量	4 823	4 785	5 059	5 504
葵花籽油压榨量	4 312	4 401	4 600	5 033

资料来源：FAO（1961—2020 年）

据统计，近年来葵花籽产量在全球主要的油料产量中排名第三位，仅次于大豆和油菜籽。目前，全球葵花籽油产量稳定在 1 000 万～1 200 万 t，众多欧洲国家将葵花籽油列为重要的食用植物油品种。全球葵花籽油产量 2016 年为 1 819 万 t，2017 年为 1 853 万 t，2018 年为 1 938 万 t，同比增长 4.6%，到 2019 年达到 2 117 万 t，同比增长 9.2%。

（二）中国葵花籽油供求状况

从中国食用植物油的消费结构来看，居民主要以大豆油和菜籽油为主，消费量占比分别为 43%和 22%，棕榈油占比约为 16.8%，花生油占比约为 7.7%。

根据数据显示，我国葵花籽产量 2010 年为 235.53 万 t，2014 年快速增长为 258.21 万 t，2016 年增长为 320.1 万 t，2018 年为 325 万 t，较上年增长 3.19%，2019 年达到 330 万 t。

我国葵花籽油产量从整体上来看呈波动性上升趋势，在 2010 年只有 24 万 t，2011 年开始快速增长，2012 年为 47.6 万 t，2015 年为 50.2 万 t，2017 年为 64.5 万 t，2019 年达到 78 万 t。

从 2015 年以来，我国葵花籽油行业消费量逐年上升。2015 年为 98 万 t，2016 年为 114 万 t，2017 年为 132 万 t，2018 年达到 149 万 t，2019 年增长到 164 万 t。

六、亚麻籽油

亚麻又称胡麻，是一年生草本植物，主产区为加拿大、中国、印度、美国、埃塞俄比亚和俄罗斯等国家。亚麻籽是亚麻的成熟种子，富含脂肪、蛋白质、纤维素、维生素、矿物质等，具有较高的营养价值，我国市场主要产品是亚麻籽油。

亚麻是我国八大油料作物之一，1996 年我国亚麻籽的产量达 55.3 万 t。前些年，由于种植面积有所减少，产量也有所下降。目前亚麻籽产量每年稳定在 30 万～40 万 t，仅次于加拿大，居世界第二位。我国亚麻主要分布在华北和西北地区，有 600 余年的种植历史。据生产分析，近年我国亚麻的种植面积、产量有所提高，种植面积较多的地方是甘肃、内蒙古、山西和宁夏；产量较高的地方是甘肃、宁夏、陕西和内蒙古等。

（一）全球亚麻籽产量

根据 FAO 统计数据，全球亚麻籽产量 2008 年为 198.9 万 t，2011 年为 216.6 万 t，2014 年为 266.4 万 t，2015 年达到 315 万 t，之后缓慢下降，2019 年为 306.8 万 t。其中亚洲地区产量为 152.1 万 t，占同期全球总产量的 49.6%；欧洲地区产量为 77.8 万 t，占同期全球总产量的 25.4%；美洲地区产量为 66.7 万 t，占比为 21.7%（表 1-32）。

表 1-32　2008—2019 年全球各区域亚麻籽产量　　万 t

区域	2008 年	2009 年	2010 年	2011 年	2012 年	2013 年
非洲	18.78	16.41	7.48	12.16	13.14	9.35
美洲	103.76	115.62	70.60	58.20	67.35	85.49
亚洲	54.21	55.39	61.67	79.58	71.46	86.10
欧洲	21.10	27.40	39.96	65.62	49.87	45.59
大洋洲	1.01	1.00	1.00	1.01	0.91	0.82
区域	2014 年	2015 年	2016 年	2017 年	2018 年	2019 年
非洲	9.13	10.66	10.00	10.11	10.85	9.39
美洲	107.53	123.88	81.27	67.80	63.67	66.73
亚洲	97.30	106.75	107.11	126.82	152.26	152.07
欧洲	51.58	72.85	91.88	81.66	69.92	77.79
大洋洲	0.83	0.84	0.84	0.84	0.80	0.80

资料来源：FAO（1961—2020 年）

（二）中国亚麻籽产量

中国是全球主要的亚麻籽产区之一，近年来中国亚麻籽产量占总产量比重维持在 10%以上。2019 年我国亚麻籽产量为 34.00 万 t，占同期全球亚麻籽总产量的 11.08%（表 1-33）。

表 1-33 2008—2019 年中国亚麻籽产量 万 t

年份	2008 年	2009 年	2010 年	2011 年	2012 年	2013 年
产量	34.97	31.81	35.28	35.86	39.05	39.88
年份	2014 年	2015 年	2016 年	2017 年	2018 年	2019 年
产量	38.70	39.96	36.83	36.30	36.60	34.00

资料来源：FAO

根据中国海关统计数据：2019 年我国亚麻籽进口量为 42.68 万 t，进口额为 1.84 亿美元；2019 年我国亚麻籽出口量为 0.12 万 t，出口额为 171.33 万美元（表 1-34）。

表 1-34 2008—2019 年我国亚麻籽进出口量统计表 万 t

项目	2008 年	2009 年	2010 年	2011 年	2012 年	2013 年
进口量	3.95	17.60	21.84	8.79	14.80	18.06
出口量	0.64	0.56	0.41	0.29	0.42	0.37
项目	2014 年	2015 年	2016 年	2017 年	2018 年	2019 年
进口量	28.34	36.03	47.47	33.99	39.76	42.68
出口量	0.38	0.35	0.39	0.40	0.25	0.12

资料来源：中国海关

综合海关数据计算：2008 年我国亚麻籽消费量为 38.28 万 t，2019 年我国亚麻籽消费量为 76.56 万 t（表 1-35）。

表 1-35 2008—2019 年我国亚麻籽供需平衡表 万 t

项目	2008 年	2009 年	2010 年	2011 年	2012 年	2013 年
产量	34.97	31.81	35.28	35.86	39.05	39.88
消费量	38.28	48.85	56.71	44.36	53.42	57.57
项目	2014 年	2015 年	2016 年	2017 年	2018 年	2019 年
产量	38.70	39.96	36.83	36.30	36.60	34.00
消费量	66.66	75.64	83.91	69.85	76.11	76.56

资料来源：中国海关

亚麻籽又称胡麻籽，亚麻籽油又称胡麻籽油，亚麻籽油中不饱和脂肪酸含量高达 90%以上。亚麻籽油含有多种保健功能的 α-亚麻酸，根据不同产地含量为 50%～60%。亚麻籽油不仅 α-亚麻酸含量高，且富含木酚素、黄酮等活性物质，并含有维生素 E 和丰富的矿物质元素，尤其是钾含量很高，是高钾食物。比橙子、花生仁、虾米的钾含量高出很多，是其他许多食用植物油脂所不及的。

随着细分市场的不断发展，针对不同特殊人群的新兴小品种油开始出现，如亚麻籽油，亚麻籽油中 α-亚麻酸的含量为 53%。α-亚麻酸是人体必需脂肪酸，但是 α-亚麻酸的食物来源极其稀少，再加上中国人独特的膳食结构，导致我国国民 α-亚麻酸摄入严重不足。α-亚麻酸能促进胎儿的大脑发育和脑神经功能，增强脑细胞信息功能，促进人脑正常发育，如果孕妇能够摄入足够的 α-亚麻酸，胎儿的脑神经细胞则发育更好、功能更强，婴儿的脑神经胶质细胞就更多、生长就更好，因此，亚麻籽油特别适用于孕妇这类特殊人群。随着新兴小品种植物油的独特功效逐渐被广大消费者所认知，未来新兴的小品种油的消费量有望呈现出快速增长态势。

我国亚麻籽油主要生产工艺：①采取预榨和浸出，最大生产规模在 100 t/天，毛油经过精炼处理；②采取小型榨油机热榨，压榨后过滤精炼；③采取冷榨，冷榨油中亚麻酸含量比热榨油高 3%～4%，冷榨亚麻籽毛油经过吸附脱胶、精炼处理，目前受到市场的欢迎。

目前，中国是全球最大的亚麻籽油加工区域，2019 年全球亚麻籽油产量为 77.63 万 t，其中中国亚麻籽油产量从 2008 年的 9.94 万 t 增长至 2019 年的 22.85 万 t，产量占全球比重从 2008 年的 19.98%增长至 2019 年的 29.44%（表 1-36）。

表 1-36　2008—2019 年中国亚麻籽油产量及占全球比重

项目	2008 年	2009 年	2010 年	2011 年	2012 年	2013 年
全球/万 t	49.74	54.70	55.46	54.57	60.81	59.05
中国/万 t	9.94	13.42	14.50	12.78	14.76	15.85
占比/%	19.98	24.54	26.15	23.42	24.27	26.84

项目	2014 年	2015 年	2016 年	2017 年	2018 年	2019 年
全球/万 t	63.37	68.62	76.20	76.52	74.93	77.63
中国/万 t	19.65	21.59	21.61	20.90	22.67	22.85
占比/%	31.01	31.46	28.36	27.31	30.26	29.44

资料来源：FAO

经常食用亚麻籽油具有抗肿瘤、抗血栓、降血脂，营养脑细胞、调节植物神经、保护视力和提高智力等多种功效。由此可见，亚麻籽油是营养价值很高的、消费者公认的优质高端食用油。

随着我国人民生活水平的提高以及科学研究的不断深入，亚麻籽油的保健功能越来越引起人们的重视。人们对食用油的需求，不仅要求吃得安全，还要吃得营养、吃得健康，由此对高端优质食用油的需求量不断增长。以亚麻籽油为例，国产亚麻籽油已远远不能满足消费市场的需求，需要通过进口才能满足市场的消费需求。其中进口亚麻籽原料再进行压榨加工，是国内企业满足市场需求的重要方式之一。

2019 年我国初榨亚麻籽油进口量为 4.86 万 t，进口量同比增长 38.07%；进口额为 4 110.64 万美元，进口额同比增长 41.34%。初榨亚麻籽油出口量为 28.70 t，出口量同比下滑 15.89%；出口额为 52.89 万美元，出口额同比下降 45.49%（表 1-37）。

表 1-37　2008—2019 年我国初榨亚麻籽油进出口量　万 t

项目	2008 年	2009 年	2010 年	2011 年	2012 年	2013 年
进口量	0.69	1.19	0.45	1.70	3.66	1.76
出口量	0.029	0.046	0.069	0.041	0.033	0.026
项目	2014 年	2015 年	2016 年	2017 年	2018 年	2019 年
进口量	1.60	2.61	2.92	3.29	3.52	4.86
出口量	0.027	0.004	0.001	0.004	0.003	0.003

资料来源：中国海关

2019 年我国亚麻籽油国内产量为 22.85 万 t，同期进口量为 5.49 万 t，出口量为 0.11 万 t，2019 年我国亚麻籽油消费量为 28.23 万 t（表 1-38）。

表 1-38　2008—2019 年我国亚麻籽油供需平衡表　万 t

项目	2008 年	2009 年	2010 年	2011 年	2012 年	2013 年
产量	9.94	13.42	14.50	12.78	14.76	15.85
进口量	0.78	1.28	0.69	1.91	3.76	1.83
出口量	0.16	0.16	0.28	0.22	0.15	0.12
消费量	10.56	14.54	14.91	14.47	18.37	17.56
项目	2014 年	2015 年	2016 年	2017 年	2018 年	2019 年
产量	19.65	21.59	21.61	20.90	22.67	22.85
进口量	1.72	2.87	3.40	4.00	4.17	5.49
出口量	0.16	0.17	0.14	0.18	0.15	0.11
消费量	21.21	24.29	24.87	24.72	25.63	28.23

资料来源：FAO、中国海关

第三节 多年生木本油料作物及其食用油供求状况

一、棕榈油

油棕是一种高产的多年生油料植物，单位面积年产油量远比其他植物油料高，是世界上单产最高的产油植物。油棕树是常年生木本植物，不需要每年种植，生产成本远低于其他油料作物，加上产量较高，这使棕榈油成为世界上最具价格优势的植物油。

棕榈油80%用于食用，在食品工业领域，棕榈油一般被加工成起酥油、人造奶油、氢化棕榈油、煎炸油脂和专用油脂等。棕榈油在工业运用中主要分两类：一个是从棕榈产品中可以直接得到，如皂类、环氧棕榈油及其多元醇、聚氨酯和聚丙烯酸酯类产品；另外一个是油脂化工类产品，如脂肪酸、酯、脂肪醇、含氮化合物及甘油，而在这几种产品的基础上，还可以通过不同的化学方式生产出各种衍生产品。

（一）全球棕榈油市场供应情况

2008年全球棕榈油产量4 451万t，2011年为5 252万t，2014年为6 185万t，2017年达到7 414万t，2020年略下降为7 367万t，年复合增长率达4.3%，是全球增长最快的植物油品种。

油棕是一种热带植物，全球棕榈油生产主要集中在马来西亚、印度尼西亚、泰国等少数热带国家。2020年印度尼西亚棕榈油产量为4 350万t，占全球棕榈油总产量的比重为59.05%；其次为马来西亚，2020年棕榈油产量为1 900万t，产量占比为25.8%；其他国家如泰国、哥伦比亚、尼日利亚棕榈油产量相对较少，2020年棕榈油产量分别为240万t、155.9万t、128万t（表1-39）。

表 1-39 2016—2020 年全球主要地区棕榈油产量情况 万 t

国家	2016 年	2017 年	2018 年	2019 年	2020 年
印度尼西亚	2 600	3 950	4 150	4 250	4 350
马来西亚	1 885.8	1 968.3	2 080	1 925.5	1 900
泰国	250	278	300	230	240
哥伦比亚	114.6	162.7	163.1	152.9	155.9
尼日利亚	99	102.5	113	122	128
其他国家	575.8	592.2	607.4	589.7	592.9

资料来源：USDA

（二）全球棕榈油进出口贸易市场分析

全球棕榈油生产主要集中在马来西亚和印度尼西亚等少数几个国家，而消费非常普遍。近年来，国际市场棕榈油出口贸易量在 5 000 万 t 左右，目前棕榈油贸易量已占到全球植物油贸易总量的 60%以上。印度尼西亚、马来西亚、危地马拉、哥伦比亚等国是国际上主要棕榈油出口国。其中印度尼西亚及马来西亚出口量占比达到 90%左右（表 1-40）。

表 1-40 2016—2020 年全球主要国家棕榈油出口量 万 t

国家	2016 年	2017 年	2018 年	2019 年	2020 年
印度尼西亚	2 763	2 697	2 828	2 652	2 800
马来西亚	1 631	1 647	1 836	1 721	1 688
危地马拉	72	80	83	76	85
哥伦比亚	50	70	68	61	68
巴布亚新几内亚	66	68	73	57	58
全球出口规模	4 907	4 883	5 191	4 844	5 005

资料来源：USDA

棕榈油消费非常普遍，在全球市场主要人口大国均进口棕榈油。印度是全球第一大棕榈油进口国，2020 年印度棕榈油进口量达 720.32 万 t，进口额为 51.19 亿美元；其次为中国、巴基斯坦、荷兰、西班牙等国家。2020 年 15 个主要国家棕榈油进口量达 2978.52 万 t，进口额达 210.04 亿美元（表 1-41）。

表 1-41　2020 年全球主要国家棕榈油进口量　　万 t

国家	印度	中国	巴基斯坦	荷兰	西班牙
进口量	720	646	308	269	195
国家	意大利	美国	缅甸	埃及	日本
进口量	168	140	90	81	76

资料来源：联合国进出口数据库

(三) 中国棕榈油市场分析

中国棕榈油完全依赖进口。国内有棕榈油贸易企业近万家，其中大型贸易企业直接从国外进口，进入国内后再通过大量的中小分销商进行分销。2020 年中国进口棕榈油 646.15 万 t，出口量为 2.56 万 t（表 1-42）。

表 1-42　2012—2020 年中国棕榈油进出口量　　万 t

项目	2012 年	2013 年	2014 年	2015 年	2016 年	2017 年	2018 年	2019 年	2020 年
进口量	634.1	597.9	532.4	590.9	447.8	507.9	532.7	755.2	646.15
出口量	0.09	0.20	0.13	0.17	0.72	1.84	3.33	3.16	2.56

资料来源：中国海关

我国棕榈油需求量总体在 600 万 t 左右，2020 年中国棕榈油需求量为 643.59 万 t（表 1-43）。

表 1-43　2012—2020 年中国棕榈油需求量　　万 t

年份	2012 年	2013 年	2014 年	2015 年	2016 年	2017 年	2018 年	2019 年	2020 年
需求量	634	598	532	591	447	506	529	752	644

资料来源：中国海关

从进口来源来看，我国的棕榈油主要从印度尼西亚和马来西亚进口。2020 年中国从印度尼西亚进口了 374.67 万 t 棕榈油，进口规模达 24.05 亿美元；从马来西亚进口了 269.88 万 t 棕榈油，进口规模达 17.08 亿美元。中国从这两个国家进口的棕榈油占中国棕榈油进口规模的 99.7%。

目前，国内有棕榈油加工企业上千家，主要的棕榈油加工企业基本分布在主要进口港的周边地区。福建、江苏、天津、广东地区不但是我国棕榈油的主要进口、贸易集散地，并且也集中了大型的棕榈油加工企业，拥有足够的棕榈油加工、储存能力。

二、橄榄油

（一）全球油橄榄产量

油橄榄为亚热带树种，是地中海气候典型植物，原产小亚细亚、地中海沿岸，目前在全球亚热带范围内均有种植。2019 年全球油橄榄种植面积为 15 867.3 万亩（1 亩＝666.7 m^2，后同），同比增长 0.88％；2018 年全球油橄榄产量为 2 188.17 万 t，2019 年全球油橄榄产量为 1 946.45 万 t，同比下降 11.05％（表 1-44）。

表 1-44　2015—2019 年全球油橄榄生产情况

项目	2015 年	2016 年	2017 年	2018 年	2019 年
面积/万亩	15 177.30	15 418.65	14 335.35	15 729.60	15 867.30
总产量/万 t	2 056.25	2 025.11	2 105.31	2 188.17	1 946.45

资料来源：FAO

油橄榄主要集中分布于地中海沿岸的希腊、意大利、西班牙等国家，2019 年欧洲地区油橄榄产量为 1 055.26 万 t，占全球比例达 54.21％；非洲地区油橄榄产量为 478.81 万 t，占比为 25.06％；亚洲地区油橄榄产量为 309.01 万 t，占比 15.88％；美洲地区油橄榄产量为 85.75 万 t，占比为 4.41％；大洋洲油橄榄产量为 8.62 万 t，占比为 0.44％（表 1-45）。

表 1-45　2015—2019 年全球油橄榄产量分地区数量　万 t

区域	2015 年	2016 年	2017 年	2018 年	2019 年
亚洲	293.69	297.54	360.98	271.01	309.01
非洲	435.96	383.68	346.29	447.53	478.81
美洲	69.68	61.64	82.65	71.76	85.75
欧洲	1 248.47	1 251.57	1 303.13	1 388.90	1 055.26
大洋洲	8.45	8.68	12.26	8.97	8.62

资料来源：FAO

（二）全球橄榄油产量情况

橄榄油是由新鲜的油橄榄果实直接冷榨而成的，不经加热和化学处理，保留了天然营养成分。橄榄油不仅具有极高的食用价值，能促进人体血液循环、预防心脑血管疾病、改善消化系统功能、美容护肤等，而且在化学、日用、医药、纺织等行业也有着极为广泛的用途。

全球橄榄油产量2016年为249万t，2017年为329万t，2018年为317万t，2019年为313万t，2020年全球橄榄油产量为313万t，与上年持平。

（三）中国橄榄油贸易

我国油橄榄主要种植于长江流域以南。我国四川成都、甘肃陇南均建立了专门的油橄榄种植基地，这些地区气温适宜、春、夏、秋三季降水量较大，属于亚热带季风气候，可满足油橄榄对温度、给水的要求。

我国橄榄油总体产量不高，主要依赖进口。2020年我国橄榄油进口量达49 863.03 t，同比下降1.1%（表1-46）。

表1-46　2016—2020年中国橄榄油进出口量

项目	2016年	2017年	2018年	2019年	2020年
进口量/t	38 624.94	37 150.91	36 089.44	50 419.62	49 863.03
出口量/t	376.27	117.28	79.67	112.98	98.36

资料来源：中国海关

2020年我国橄榄油进口额为15 680.69万美元，同比下降11.25%；出口额为53.1万美元，同比下降31.67%（表1-47）。

表1-47　2016—2020年中国橄榄油进出口额

项目	2016年	2017年	2018年	2019年	2020年
进口额/万美元	17 471.42	19 168.91	16 781.09	17 668.17	15 680.69
出口额/万美元	116.60	100.41	115.47	77.71	53.10

资料来源：中国海关

我国橄榄油进口来源国非常集中，2020年我国自西班牙进口橄榄油4.47万t，进口额为13 281.24万美元，进口金额占我国进口橄榄油总额的84.7%；自意大利进口橄榄油0.34万t，进口额为1 544.56万美元，进口额占全国比例为9.85%。

三、椰子油

椰肉制成椰干，经压榨或萃取等工艺可获得椰子毛油，椰干油一般颜色较深、酸值较高，不能直接食用，需进一步精炼。椰子油是一种具有椰香味且富含低碳脂肪酸的功能性植物油脂，其特有的中链脂肪酸（MCFAs）和月桂酸等成分赋予其良好的抗氧化性和抑菌性。下游广泛应用于食品、化妆品、饲料等行业。

（一）椰子油的生物学特性

椰子油是一种从椰肉提取的功能性植物油脂，其独特的脂肪酸组成赋予其良好的生物学功能；椰子油含有快速供能、抗氧化、抗病毒和抑菌等生物特性。

1. 快速供能

椰子油中的脂肪酸大多是中短链饱和脂肪酸，可不经脂肪酶分解而直接进入肝脏和线粒体进行氧化分解，而且中链脂肪酸在通过线粒体时不需要载体血浆白蛋白的协助，节省了体脂的消耗。因此，相对长链脂肪酸，椰子油可迅速氧化供能，减少脂质在体内的蓄积，同时又可维持一定的体脂以满足幼畜快速生长的需要，是幼畜良好的能量来源。

2. 抗病毒和抑菌性

椰子油中的某些脂肪酸，尤其是中短链脂肪酸、月桂酸及其衍生物（甘油单脂）具有抗病毒、抗真菌和抗细菌的特性。

3. 抗氧化

椰子油中含有多酚类化合物和维生素 E 等抗氧化活性物质，故能够清除羟自由基、抑制 DNA 和脂质过氧化损伤、增强细胞内超氧化物歧化酶（SOD）和谷胱甘肽还原酶（GSH）等抗氧化酶的活性、提高机体抗氧化能力。椰子油的抗氧化功能常与提取方式、温度等因素有关。

椰子油按加工工艺可分为传统椰子油及原生态椰子油。传统椰子油的加工方法有以椰干为原料的干法和以新鲜椰肉为原料的湿法两种，无论哪种方法制备的椰子油均需要精炼提纯后方可作为食用油。原生态椰子油是以新鲜或成熟的椰肉为原料通过压榨法、酶解法和离心法精制而成的带有天然椰香味的油脂。

（二）椰子油的产销量

椰子油由椰子肉（干）获得，为白色或淡黄色脂类。椰子肉（干）含油65％～74％、水分4％～7％。2018 年全球椰子产量为 6 186.5 万 t，较 2017 年增加了 142.1 万 t，同比增长 2.4％（表 1-48）。

表 1-48　2012—2018 年全球椰子产量及增速

项目	2012 年	2013 年	2014 年	2015 年	2016 年	2017 年	2018 年
全球椰子产量/万 t	6 229.1	6 248.0	6 144.6	5 942.0	6 059.2	6 044.4	6 186.5
产量增速/%		0.3	−1.7	−3.3	2.0	−0.2	2.4

资料来源：FAO

2018 年全球椰子油产量为 367 万 t，消费量为 348.1 万 t；2019 年全球椰子油产量为 358.3 万 t，较 2018 年下降 8.7 万 t，消费量为 354 万 t，较 2018 年增加了 5.9 万 t（表 1-49）。

表 1-49　2012—2019 年全球椰子油产量及消费量　万 t

项目	2012 年	2013 年	2014 年	2015 年	2016 年	2017 年	2018 年	2019 年
产量	362.0	338.1	337.0	331.0	339.1	366.1	367.0	358.3
消费量	371.8	331.9	327.7	323.3	306.8	338.4	348.1	354.0

资料来源：美国农业部

全球椰子油产量主要分布在菲律宾、印度尼西亚等地区，2018 年菲律宾、印度尼西亚、斯里卡兰、巴布亚新几内亚、马来西亚，椰子油产量分别为 175.8 万 t、89 万 t、4.4 万 t、4.2 万 t、2.5 万 t；2018 年菲律宾、印度尼西亚、斯里卡兰、巴布亚新几内亚、马来西亚椰子油消费量分别为 71 万 t、43 万 t、2.7 万 t、2 万 t、5.9 万 t。

全球椰子油压榨量 2012 年为 575.9 万 t，2015 年下降为 524.7 万 t，2018 年增长到 582.3 万 t，2019 年较 2018 年有所下降，仅为 567.0 万 t。

椰子油主要应用于工业及食品行业，2019 年全球工业行业椰子油消费量为 172.1 万 t，食品行业消费量为 178.9 万 t，饲料行业消费量仅为 3 万 t（表 1-50）。

表 1-50　2010—2019 年全球各行业椰子油消费量　万 t

项目	2010 年	2011 年	2012 年	2013 年	2014 年	2015 年	2016 年	2017 年	2018 年	2019 年
工业行业	167.2	154.3	170.1	154.2	150.4	153.3	149.1	168.0	171.1	172.1
食品行业	186.2	191.8	198.2	174.2	173.8	167.2	154.5	167.4	174.0	178.9
饲料行业	3.4	3.2	3.5	3.5	3.5	2.8	3.2	3.0	3.0	3.0

资料来源：美国农业部

2019 年全球工业行业椰子油消费量占全球椰子油消费量的比重为

48.62%，食品行业占全球椰子油消费量的比重达到 50.54%，饲料行业椰子油消费量仅占 0.85%。

（三）椰子油的进出口量

2012 年全球椰子油出口量为 158.9 万 t，进口量为 189.4 万 t；2019 年全球椰子油出口量为 178.2 万 t，进口量为 179.5 万 t（表 1-51）。

表 1-51　2012—2019 年全球椰子油进出口量　万 t

项目	2012 年	2013 年	2014 年	2015 年	2016 年	2017 年	2018 年	2019 年
进口量	189.4	173.6	182.4	161.1	149.7	170.5	172.0	179.5
出口量	158.9	158.9	158.9	158.9	190.6	172.9	185.3	178.2

资料来源：美国农业部

四、茶籽油

茶籽油，是油茶籽油俗称，又名山茶油、山茶籽油，是从山茶科山茶属植物的普通油茶成熟种子中提取的纯天然高级食用植物油，色泽金黄或浅黄，品质纯净，澄清透明，气味清香，味道纯正。全球油茶籽油产量的 90%以上来自中国。

（一）茶油产业日渐发展

茶油行业的上游供应市场为茶籽原料供应，主要包括前端的茶林种植、茶果茶籽收购、毛油采购、原料储运。其中，茶林种植又包括茶林选址、采穗圃建设、茶林苗培育、日常养植管理、茶果采摘、茶果脱壳、茶籽储运等环节。生产茶籽的油茶树除去制取茶油之外，可谓全身都是“宝”。

1. 茶粕

榨油后的茶粕可以用来对鱼塘清塘消毒，防治鱼病。经萃取后的茶粕可以进一步地提取皂素，提取皂素后的残渣可用作饲料或肥料。

2. 油茶壳

油茶壳包括油茶果壳和油茶籽壳两部分，油茶果壳也叫茶蒲。油茶果壳和油茶籽壳含有大量的木质素、半纤维素和纤维素等，在工业上有广泛的用途，可以用来制糠醛、木糖醇、活性炭等。

3. 油茶花

油茶花是丰富的蜜源，其蜜、粉均是营养丰富的食品，并兼有药用价值。《中华本草》中记载：药性味苦，性微寒，凉血止血，主治咳血、烫伤。

4. 油茶叶

油茶叶可以净化空气，并兼有药用价值。《中华本草》中记载：味微苦，性平，收敛止血，解毒。

5. 油茶根

油茶树的根可保持水土、涵养水源，根皮还可以入药，主治咽喉肿痛、胃痛、牙痛、跌打伤痛，水火烫伤。

我国油茶产业在产业发展项目、农发资金、现代农业发展扶持资金等强力支持下，发展形势持续向好。油茶林基地面积不断扩大，全国茶油林面积已由2012年的5 250万亩发展到2019年的约6 800万亩。

根据《全国油茶产业发展规划（2009—2020年）》，到2020年，我国油茶种植总规模将达到7 175万亩。近5年来，湖南、江西、广西三地油茶种植面积增速最快，共完成新造林任务约1 000万亩，占到了中国新增油茶种植面积的2/3左右。在油茶种植数量不断增加的同时，油茶种植的结构也在进行调整和优化，具体表现在高产稳产的优良品种种植比例逐渐加大，对低改林的改造比例也在逐渐上升。

但总体来看，全国油茶林大多数仍是20世纪六七十年代的老林，高产优良品种还未得到大面积推广应用，在保证我国油茶种植面积和数量持续增加的前提下，种植结构仍需要进一步优化。

（二）中国茶油市场规模日益扩大

近年来，我国加大对茶油行业的扶持力度，在市场需求攀升及政策利好形势下，油茶种植面积呈现平稳上升趋势，茶油行业市场规模也逐渐扩大。我国茶油行业市场规模2014年为628.6亿元，2016年为735.8亿元，2018年为819.5亿元，2019年为901.27亿元，同比增长9.98%，2020年稳步增至984.83亿元。

（三）中国茶油行业出口规模较小

从我国茶油市场需求构成来看，茶油的市场需求由两部分组成，一部分是国内消费量，一部分是出口量。国内消费量在茶油市场总需求量所占的比例接近100%，茶油出口量极少。

究其原因，一方面是现阶段茶油年产量较少，不到食用油的3%，难以满足国内市场需求；另一方面在国际上，现阶段橄榄油占据了木本食用油市场，茶油还未被广大消费者认识，茶油竞争力不足。

从中华人民共和国海关总署统计数据来看，2020年，中国其他固定植物油、脂及其分离品（不论是否精制，但未经化学改性）出口量为7 163 t，同比增长4.48%，出口额为7 674.6万美元，同比增长11.77%。

（四）中国茶油行业出口前景

2002年，美国白宫卫生研究院（NIH）营养平衡委员会主席西莫普勒斯博士把茶油排在了橄榄油的前面，茶油因此成为目前世界上最富营养与健康价值的食用油。茶油完全迎合了现代人追求绿色保健的消费趋势和对绿色食品需要，顺应了人们追求身心健康、要求保健的想法。山茶油纯天然、无污染，且因其含丰富的不饱和油酸和亚麻油酸94%左右，食后易消化，具有降低人体血脂，预防心脑血管疾病等多功效。

随着贸易全球化以及国际市场对茶油优质特性的认识，国外企业从中国进口茶油和国内企业将开发出来的茶油产品销售海外，必将成为一种趋势，国际市场对我国茶油的潜在需求很大。

但目前来说，在海外市场，出口企业基本没有进行过有明确计划和目的的系列营销推广活动。其原因是多方面的，首先，因为我国企业多受制于传统经营理念的束缚，缺乏进行国际市场营销的理念和思路；其次，也与各出口企业实力不强，缺乏参加国际商务活动的经验有关。综合来看，茶油行业出口前景较好，需求较大，我国茶油出口企业需要积累更多相关方面的经验。

（五）茶油行业发展前景看好

随着我国经济的快速发展和人口的增长，食用油的消费量逐年上升。同时，我国食用油的消费结构正处于快速转型的时期，相比发达国家橄榄油的消费量一般占其植物油总消费量40%以上，长久以来我国食用油消费产品以豆油、菜籽油等普通油品为主，高档保健食用油消费比例相对较低。

随着国民经济的发展和人民生活水平的提高，以茶油为代表的高档优质食用油的需求量快速提升，我国要达到国家规划提出的年人均茶油消费量

2 kg 的目标，以此标准计算茶油供需缺口达 200 万 t 以上，可以预见未来茶油市场需求非常旺盛。

油茶是我国特有的木本油料树种，具有不与农争地、不与人争粮的独特优势和发展潜力，能有效缓解油料供需矛盾和进口压力。此外，茶油还被誉为“液体黄金”“东方橄榄油”，具有较高的营养保健价值，在我国已有 2 300 多年的种植历史。力争到 2025 年，油茶种植面积达到 9 000 万亩及以上，完成 2 000 万亩低产低效油茶林改造，茶油产量达到 200 万 t。

五、核桃

核桃为胡桃科胡桃属植物，又名“胡桃”“羌桃”。核桃与扁桃、腰果、榛子并称世界四大干果。核桃在我国分布广泛，北至黑龙江，南达云南、贵州，西至新疆，东至山东、辽宁，其中安徽省亳州市三官林区被誉为亚洲最大的核桃林场。核桃为落叶乔木，核果球形，外果皮平滑，内果皮坚硬，有皱纹，呈大脑形。果仁可吃可榨油，也可入药。配制糕点、糖果等，不仅味美，而且营养价值很高。近年来，随着国内坚果休闲食品市场的发展，核桃作为我国产量最大的坚果需求量也在持续增加，核桃良好的市场发展前景，使越来越多的农民进入核桃种植领域，有力地推动了核桃产业的快速发展。特别是在云南、新疆等地区核桃种植面积增长非常迅速，2013 年核桃产量突破 200 万 t，2015 年上升到 300 万 t 以上，2017 年达到 400 万 t 以上。2019 年我国核桃产量达到 468.9 万 t，2020 年产量突破 479.6 万 t（表 1-52）。

表 1-52　2012—2020 年我国核桃产量变化

项目	2012 年	2013 年	2014 年	2015 年	2016 年	2017 年	2018 年	2019 年	2020 年
产量/万 t	198.0	232.5	271.4	333.2	364.5	417.1	382.1	468.9	479.6
增速/%		17.4	16.7	22.8	9.4	14.4	−8.4	22.7	2.3

资料来源：国家统计局

（一）核桃加工产品

目前，国内的核桃产业主要是销售核桃鲜果、核桃干果以及核桃仁，产业链缺乏有效延伸，限制了产业附加值的提升。近年来，核桃挂果面积日渐增加，核桃产量随之增加，核桃产品销售面临的阻碍逐渐增大，亟须进行核桃精深加工产业的开发。而在消费市场对于核桃油、核桃乳、核桃仁等精深加工产品保健功能的认知接受程度还不够，就加工而言，核桃本身的营养成分丰富，即便是核桃壳也富含多种矿物质元素，可代替棉籽壳、玉米芯、杂木屑、麦麸等作为一种新型的食用菌栽培基质。由于核桃深加工市场目前仍未完全打开，大多数精深加工企业存在融资难、设备落后、品牌意识不强等问题，尚未形成市场话语权（表 1-53）。

表 1-53　核桃加工当中相关成分的提取与应用

核桃副产品		应用
核桃仁	核桃油	核桃仁中提炼的核桃油含有多种生物活性物质，除含量较多的亚油酸、α-亚麻酸、维生素 E 外，还含有微量的功能性成分，如亚油酸、鳕油酸、二十二碳六烯酸等，具有调节人体胆固醇、治疗脑血栓及动脉粥样硬化、保护脑功能、预防神经退行性疾病、提高免疫力、延缓衰老等一系列作用。
	核桃蛋白	市面上核桃蛋白的加工品多为核桃蛋白发酵酸奶和核桃蛋白饮料，也可将脱脂核桃蛋白添加到肉制品中，作为填充剂提高肉的吸水吸油性、凝胶强度和乳化能力，同时起到降低脂肪摄入的作用；核桃多肽还具有明显的抗氧化性，不同的酶通过酶解得到的蛋白多肽均有不同程度的羟自由基清除作用，其中复合酶水解产物的抗氧化性最强，利用这一特性，核桃蛋白可作为日用化学品的抗氧化剂、发酵食品的原料或添加剂等。
	核桃仁加工产品	我国以核桃仁为主、辅料生产的食品达 200 多种，如琥珀核桃、五香核桃、脱皮核桃仁、核桃软糖、核桃酪、核桃罐头、核桃乳制品等。目前，核桃制品在工艺技术上还存在很多的难点，如风味保持、脂肪上浮、蛋白质沉淀等。
核桃壳	食品加工	核桃壳多糖、蛋白质含量较高，且富含多种矿物质元素，可代替棉籽壳、玉米芯、杂木屑、麦麸等作为一种新型的食用菌栽培基质。另外，核桃壳通过酸解制备的木糖可以作为风味改良剂。
	化工应用	核桃壳经碳化可制成活性炭，用于吸附废水中的铜、汞、铬等重金属离子和除去工业废气中的恶气硫化氢、放射性碘代甲烷、一氧化碳等，另外，核桃壳焦油是核桃壳在少量空气作氧化剂高温热解汽化过程中产生的，经过除杂、真空蒸馏、冷凝等工艺制成核桃壳焦油抗聚剂，用于氯丁橡胶的生产。
	医学应用	核桃壳化学成分丰富，主要有氨基酸、多糖、皂苷、黄酮和香豆素等，具有降脂、抗肿瘤、抗氧化、抗菌及植物激素等作用被应用于临床治疗中。碳化后的核桃壳对细菌、病毒具有较强的吸附、固定、抑制排出能力，可治疗严重腹泻。

续表 1-53

核桃副产品	应用
核桃青皮	核桃青皮又称青龙衣，其化学成分多样，在医药、农业、工业方面应用广泛。核桃青皮中核桃青皮含有醌类、黄酮类、萜类、有机酸及其酯类等多种化学成分，具有抗肿瘤、抑菌、抗氧化等多种生物活性，被广泛应用于临床。
核桃种皮	核桃种皮以鞣花酸、没食子酸、胡桃苷等多酚类成分含量最高，有研究表明，核桃种皮中的多酚类成分具有多种保健功能，如抗氧化、保肝、抗癌、保护心血管、提高认知功能、抗菌抗病毒、抑制黑色素生成、缓解免疫毒性以及治疗糖尿病等。
分心木	分心木是核桃仁间的木质隔膜，含有黄酮、生物碱、有机酸、甾体等多种成分，临床上常用于治疗肾病、失眠多梦、牙龈出血、腰肌劳损等疾病。目前对分心木的利用较少，大多与核桃壳一起作为燃料或活性炭等，也有少量作为速溶饮品、饮用茶等。

（二）坚果炒货带动核桃消费增长

目前，国内核桃市场发展的最大推动力来自坚果炒货需求的快速增长，2020 年预计国内坚果炒货市场规模将达到 1 800 亿元，其中大部分坚果实际上无法实现自给，核桃、瓜子等市场发展成熟。2018 年以来核桃市场又衍生出山核桃这一新型品种，由于具有极高的营养价值和独特的口感风味，逐渐成为一种广受欢迎的高档坚果。随着销售渠道多元化发展，特别是线上购物习惯的养成以及山核桃果仁化（食用方便性提升）趋势，山核桃产品的销售市场已经从长三角洲地区扩展到了全国市场；消费群体年轻化、追求品质生活，对食用便捷性要求提高，导致手剥山核桃（带壳）销售份额逐年下降，山核桃仁市场份额将进一步增长。

（三）核桃进出口情况

近年来，随着国内核桃种植区域的扩展和品质提升，核桃出口量出现明显增长。2015 年我国核桃出口量仅为 5 501 t，至 2020 年出口量增长至 95 607 t，由于国内市场核桃产量提升过快导致价格明显下降，出口竞争力提升，随着“一带一路”倡议不断深化，中欧班列逐步常态化运营，我国核桃向中亚、西亚等地出口更加便捷（表 1-54）。

表 1-54 2015—2020 年我国核桃进出口量统计表 t

项目	2015 年	2016 年	2017 年	2018 年	2019 年	2020 年
进口量	8 653	7 833	17 885	7 367	6 739	6 309
出口量	5 501	3 819	8 039	31 890	94 558	95 607

资料来源：中国海关

另外，新疆作为我国现阶段核桃增产的主要地区，对于中亚、西亚市场出口具有明显优势。数据显示 2020 年我国核桃主要出口对象以中亚和中东地区国家为主，哈萨克斯坦是我国核桃出口第一大贸易伙伴，对哈萨克斯坦出口量占我国核桃出口总量的 19.6%，同属中亚的吉尔吉斯斯坦出口占比达 14.7%。新疆核桃通过中欧班列到达西亚和欧洲的时间大概为 18～20 天，比海运节省了一半时长，核桃品质也得到较好的保证。未来中欧班列的常态化运行有望推动更多中国核桃进入欧洲市场。

（四）核桃产业面临的问题

目前核桃产业发展依然缺乏精细化管理。由于发展核桃的地区多为山坡地，土壤贫瘠，种植户认识不到位，政府政策支持强度不够，基础设施薄弱，用工成本比较高，存在一定程度的重栽轻管的现象，长期放任生长，只在采收前后稍加管理。而核桃发展速度较快，部分地区苗木供应短缺，苗木质量参差不齐，甚至出现以次充好、假冒伪劣的现象，主栽品种不清晰，授粉树搭配不合理，不能适地适树，导致树体营养不足，整体树势状况不良。在销售上，由于种植地域分散、坚果生产缺乏统一标准，核桃行业以小企业为主，品牌长尾效应较明显，缺乏消费者熟知的产地标识，市场集中度有待提升。近期随着电商兴起，一批基于互联网而诞生的优质的坚果企业让市场看到了消费者对坚果大类的认可。但是行业乱序竞争现象严重，消费者尚未形成基于地理标志的统一品牌认知，致使行业整体缺乏附加值梯度。

六、油用牡丹

牡丹是我国特有的传统木本花卉，因其色彩艳丽而深受人们喜爱。以前牡丹仅作观赏和药用，如今伴随着牡丹深加工产品的开发，牡丹产业已由过去花期观赏的单一模式，逐步转变为深层次、多领域的花用、油用、食品用等综合开发利用，牡丹企业和研究牡丹的高校及科研机构已遍布全国各地。

（一）牡丹的地域分布

国内牡丹品种按地域可分为4个品种群，即中原牡丹、西北牡丹、江南牡丹及西南牡丹。目前形成的主要栽培区域为山东菏泽、河南洛阳、安徽亳州、四川彭州及甘肃兰州。

1. 中原牡丹

分布在黄河中下游地区，包括山东、河南、河北、山西等省。栽培中心在山东菏泽、河南洛阳，栽培历史悠久，是我国牡丹的主要栽培中心。中原牡丹品种最为丰富，花形多样，植株高低不一，对环境的适应能力很强，栽培分布已遍布全国各地。

2. 西北牡丹

分布在黄土高原、黄河流域地区，包括陕西、甘肃等省。栽培中心在甘肃兰州。植株高大、耐寒冷干旱气候是西北牡丹的特点。

3. 江南牡丹

分布在长江中下游地区，包括安徽、江苏、浙江等省。栽培中心在安徽铜陵。开花早、根系浅、耐夏季高温高湿气候是江南牡丹的特点。

4. 西南牡丹

分布在秦岭以南中国南方地区西部的广大腹地，包括四川、云南、贵州、西藏等地。栽培中心在四川彭州。植株较高大、根系浅、耐湿热多雨气候是西南牡丹的特点。

（二）牡丹的栽培应用现状

1. 药用牡丹

东汉早期在甘肃出土的医简中记载了牡丹，能够治疗血瘀病；秦末汉初《神农本草经》对牡丹作药用也有所记载，可见牡丹最早为人们认识的是药用价值。目前，以安徽铜陵、亳州为药用种植中心。

2. 观赏牡丹

牡丹早在隋朝时期就作观赏使用，唐代兴盛，洛阳西苑是史上最早有记载的牡丹园。目前，观赏牡丹以河南洛阳等地为观赏旅游中心，菏泽为牡丹种植繁育中心。

3. 油用牡丹

近年来，国家大力倡导发展木本粮油的发展方向，油用牡丹是国家新兴战略产业，受到国家及社会的重视，能显著降低种植成本，就此科学研究者研发出油用牡丹。推广种植的油用牡丹主要为凤丹和紫斑牡丹两大品种，紫斑牡丹更适宜北方半干旱地区栽植，全国大部分地区均可种植凤丹。

4. 综合利用

近年来，深加工产品在粮油、保健、美容、生物医药等各领域广泛应用，产品包括牡丹籽油、牡丹茶、牡丹胶囊、牡丹化妆品、牡丹营养食品等。通过标准化生产、市场拓展和拉长产业链等优化牡丹产业，从而提高牡丹的综合利用价值。

（三）牡丹产业发展现状

近年来，国内食用油需求不断扩大。为了进一步加快木本油料产业发展、大力增加健康食用油供给、维护国家粮油安全，国家颁布了《国务院办公厅关于加快木本油料产业发展的意见》，加快了牡丹的产业化进程。

1. 全国部分省区油用牡丹发展规划

各地政府根据国务院办公厅发展木本油料 68 号文，陆续出台了有利政策。山东省：2015 年牡丹种植面积力争达 120 万亩，其中油用牡丹种植面积不少于 100 万亩；2020 年牡丹种植面积达到 400 万亩，其中油用牡丹种植面积 370 万亩。河南省：5 年内发展油用牡丹 400 万亩，10 年内发展到 800 万亩。陕西省：5 年内种植油用牡丹 200 万亩。湖北省：10 年内油用牡丹种植面积达到 200 万亩。甘肃省：2020 年种植基地面积达 104 万亩。安徽省：2016—2020 年营建油用牡丹良种繁种基地 13 个，面积 800 万亩；油用牡丹培育基地面积达 41 万亩；牡丹种质资源收集区 30 万亩。

2. 牡丹企业发展现状

据统计，随着近几年牡丹在我国的全面发展，各地牡丹栽培面积、种植规模不断扩大，2020 年全国牡丹工商企业 217 家，且因国家政策扶持保持上升趋势，其中具有一定规模的企业主要分布在山东、河南、安徽、陕西、甘肃等地。目前，国内牡丹核心企业有菏泽尧舜牡丹生物科技有限公司、瑞璞牡丹（菏泽）产业科技发展有限公司、甘肃中川牡丹产业有限公司等。

据新华社报道，2013 年 11 月习近平总书记走访菏泽市尧舜牡丹产业园，了解牡丹开发情况，得知牡丹除了具有观赏、药用价值还能用于生产食用油和开发深加工产品，总书记表示增长见识。由此可见，牡丹的开发利用已受到政府的高度重视，往后也将投入大量资金用于扶持牡丹产业发展。

3. 牡丹科研现状

2012—2016 年，在国家和各省市政府扶持牡丹产业发展下，成立了众多牡丹科研机构，各省高校牡丹课题研究逐渐增长，全国近 5 年高校科研机构超过 169 个，山东省占 15%，在种质资源、品种选育与繁殖、高产栽培与生理生态等研究领域均有较大突破。山东省作为牡丹的主栽培区之一，在栽培面积及高校、科研机构和企业数量上都领先各省，应抓住有利契机，在推进新品种、新技术开发应用的同时，大力发展牡丹产业。

研究牡丹的科研单位和高校在山东省分布相对集中，全国其他省市科研单位较少，技术人员更少，经费投入严重不足，国家在大力扶持企业的同时，重视科技创新领域，以科研机构和院校为技术支撑，以“专家＋企业＋基地＋农户”的合作形式推动牡丹产业更好更快地发展，以牡丹精深加工技术研发为突破口，引领加工企业技术进步。国家加大科研投入和开发，综合利用牡丹资源，依托科技创新把牡丹运用到粮油、医药、保健、食品、旅游、农乐园和改善生态环境等领域，建设全面的牡丹产业链，为今后牡丹产业发展做出贡献，带动全国牡丹产业发展。

（四）发展对策

牡丹种植户与企业结合是最快的产业化道路，核心企业带领中小型种植合作社整体推进标准化生产，并提供成熟的栽培技术和管理方案，以牡丹精深加工技术研发为突破口，引领加工企业技术进步。

思考题

1. 世界四大油料作物和四大木本油料植物是哪些？
2. 全球主要的食用植物油有哪些？
3. 中国食用植物油供需量如何？

第二章

现代油菜绿色生产技术

油菜是油用十字花科芸薹属植物的通称，凡是原以采食茎叶为主而后收籽榨油的通称为油菜。

油菜是一种古老的油料作物，是当今世界上主要的油料作物，遍布于全球100多个国家，主要分布在亚洲、欧洲、美洲以及大洋洲和非洲。中国是油菜原产地和栽培历史最悠久的国家之一，种植面积和总产量一直位居各国之首，近年被加拿大超越，目前仍占世界的20%左右，是我国最主要的植物油来源，也是提高复种指数、农田生产效益，以及用地与养地相结合，培养提升地力的一种良好作物。

第一节　油菜起源与生产发展

一、油菜起源与传播

（一）油菜起源

一般认为油菜有两个起源中心：第一个是以中国和印度及中东一带为主的亚洲起源中心，是芥菜或白菜型油菜的起源地；第二个是以北欧和地中海沿岸为主的欧洲起源中心，是甘蓝型油菜的起源地。

1. 中国油菜

中国种植油菜历史悠久，在距今 8 200 年前的甘肃秦安大地湾一期遗址及距今 7 000 年前的陕西西安半坡新石器时代遗址里，均发掘出已炭化的油菜籽残骸。在距今 2 200 年前的湖南长沙马王堆西汉古墓出土有保存完好的芥菜籽，种皮黑色，圆球形，直径多在 1.5 mm 左右，有明显的种脐和网纹，与现今栽培的油菜籽完全相同。

中国古书中也有大量有关油菜的记载。《夏小正》（约公元前 1046 年）"正月采芸，二月荣芸"的记述，"芸"即为后世栽培的白菜型油菜，意指农历正月开始采摘菜薹，二月油菜开花。公元前 239 年《吕氏春秋》中提到当时油菜种植地区"菜之美者，阳华之芸"。2 世纪东汉服虔《通俗文》记述，芸薹谓之胡菜。传说塞外有芸台戒，始种此菜，故名。汉末《名医别录》谈到芥菜型油菜已有"青芥、紫芥、白芥、南芥、旋芥、花芥、石芥"7 类品种，并称"食有辛辣味"的重要特征。北魏贾思勰的《齐民要术》（公元 544 年）中记述芥菜型油菜。《新唐书》记载西藏有芜菁种植。

油菜的名称首次出现在宋代苏颂等编著的《图经本草》（公元 1061 年）中说到菜籽油的多种用途，饼粕还可以用作肥料。明代李时珍的《本草纲目》（公元 1578 年）中考证古代栽培的芸薹乃今油菜也，冬月多种此菜，能历霜寒，种自胡菜。

2. 欧洲油菜

欧洲是甘蓝型油菜的故乡，在北欧西海岸。在瑞士苏黎世的"瑞士湖居"文化遗址中，发现了青铜器时代（公元前 3 000 多年前）的甘蓝型油菜的原始类型种子。著名植物学家第康道尔在《农艺植物考源》一书中推测认为，这种原始型油菜种子可能是由阿利安人自亚洲带到欧洲去的。现今在荷兰、英国以及北欧海岸可以找到它的野生类型。

（二）油菜传播

1. 中国油菜传播路径

据古籍记载，青海、甘肃、新疆、内蒙古、西藏一带，可能是中国油菜栽培最早的地区，后逐步在黄河流域发展，再传播到长江流域广为种植。我国古代栽培的都是白菜型和芥菜型油菜，现今广泛栽培的甘蓝型油菜，是 20

世纪30年代中期和50年代先后由日本和欧洲引入的番油菜或西洋油菜，先在长江流域推广，80年代初又引入黄淮海地区种植。

2. 日本油菜传播路径

日本古代的白菜型和芥菜型油菜，大约是在公元前从中国或朝鲜半岛传入，1878年甘蓝型油菜从欧洲引入日本。

3. 印度油菜传播路径

印度是白菜型油菜的起源地之一，公元前2000—前1500年的梵文著作中，已有种植白菜型品种“沙逊”的记载，印度东北部的芥菜型油菜由中国引入。

4. 欧洲油菜的种植

欧洲各国，大约在公元13世纪才开始种植油菜，到16—17世纪，才有比较广泛的栽培。

5. 美洲和大洋洲油菜的种植

美洲、大洋洲和其他地区，种植的油菜分别由亚洲和欧洲两个起源中心传播去的，栽培历史较短。

二、油菜类型与育种

（一）油菜类型

油菜为十字花科芸薹属的栽培种。根据植物学形态特征和农艺性状，可将油菜分为白菜型、甘蓝型、芥菜型及埃塞俄比亚芥菜4种类型，后者种植面积少，世界上大多数国家只种植前3种类型的油菜。

1. 白菜型油菜

白菜型油菜是油菜三大类型之一，学名 *Brassia campestris* L.，包括原产中国的芸薹和油白菜，中国又称小白菜、矮油菜、甜油菜等。白菜型油菜株体较矮小，一般春性品种幼苗直立，冬性品种株型匍匐，半冬性品种介于二者之间。

该类型还可分为两个种：

(1) 北方小油菜（*B. campestris* L.）：古代文献中称为芸薹，株型矮小，分枝少，茎秆细，基叶不发达，叶椭圆形，有明显琴状缺刻，且多刺毛，薄被蜡粉。主根常膨大，入土较深，抗寒、耐旱、耐瘠、抗病力弱、生产潜力小、稳产性差。代表品种有耙齿蔓、关油 3 号等。

（2）南方油白菜（*B. campestris* var. *chinensis* Mak.）：古代文献中称为崧菜，其外形很像普通小白菜，是普通小白菜的一个油用变种。株型中等，分枝性强，茎秆较粗，苗一般半直立或直立。叶片较宽大，色淡，中脉较肥厚，叶全缘或波状，一般不具琴状缺刻。主根不膨大，支根细根较多。一般耐涝、耐瘠、抗病力差。代表品种有泰县油菜、洞口甜油菜等。

2. 甘蓝型油菜

甘蓝型油菜（*Brassicanapus* L.）是油菜三大类型之一，学名 *Brassica napus* L.，是由芸薹（aa，$n=10$）与甘蓝（cc，$n=9$）通过自然种间杂交后二倍化进化而来的一种复合种。欧洲是它的起源地，在中国，又称日本油菜、欧洲大油菜、洋油菜、番油菜等。因其叶形和株型与甘蓝酷似，故名甘蓝型油菜。染色体组为 aacc，$n=19$。

中国是 20 世纪 30 年代由朝鲜、日本和英国引进的，已广泛分布于全国各地，尤以长江流域各省油菜主产区分布最为集中。世界上以欧洲偏北部各国和加拿大西部草原地区的偏南部分布较多。

甘蓝型油菜是三种油用油菜(白菜型油菜、芥菜型油菜、甘蓝型油菜)中籽粒产量最高的种类,目前在我国长江流域大量种植,是我国重要的油料作物。甘蓝型油菜不仅可生产食用油,而且其饼粕富含蛋白质,也可作为动物饲料。

甘蓝型油菜株体较大，发育中等，生育期较长。苗期株型因品种不同而异，冬性强的欧洲品种，株型匍匐性强，越冬时生长点下陷，能耐低温；春性强的亚洲品种，直立性强，主根发育中等，枝细根较发达。基叶叶形椭圆或长椭圆，伸长基茎叶出现明显的琴状缺刻。薹茎叶披针形，都不具琴状缺刻。薹茎叶半包茎着生，是甘蓝型油菜显著的共同特点之一。叶质似甘蓝，叶肉组织较致密，叶面被或不被蜡粉。叶色常绿、淡绿、浓绿呈蓝绿。叶面平滑不被刺毛，或在苗期少被刺毛，成长叶无刺毛。分枝性较强，原产欧洲的甘蓝型油菜分枝部位一般较高，株高中等或较高。花较大，黄色，花瓣平滑，部分皱缩，重叠呈覆瓦状或侧叠状。花序中间花蕾着生位置高于开放花朵，开花时花药一般内向开裂或半内向开裂，自交亲和性强，自交结实率高，一般 70%～80%，属常异花授粉作物，但可分离出正交不亲和系。角果果皮组织发育中等，过熟果皮易开裂，在中国西北干旱地区尤为显著。种子较大，一般千粒重 3.5～4.5 g。种皮蝉褐或红褐，少数土黄色。种皮表面网纹浅，不具辛辣味。种子含油量高，一般 35%～45%，最高可达 65%以上。

3. 芥菜型油菜

芥菜型油菜，也叫高油菜、辣油菜，是十字花科芸薹属芥菜的油用变种。有多个发源地，中国是原产地之一。

植株高大，分枝多，继承了芥菜张牙舞爪的气势；籽粒细小，多为金黄色或暗红色，含油量高；叶片有明显的长柄，而且叶面皱缩长满刺毛和淡淡的蜡粉。

花朵小而稀，花瓣窄小且相互分开；种子有明显辣味，不像其他两种油菜的种子有毒，它磨成末就是黄芥末。

具有耐瘠性强等特点，所以过去在西南和西北多种。致命弱点就是产量低，目前其种植面积已越来越小（表 2-1）。

表 2-1　3 种类型油菜主要农艺形状表

项目	甘蓝型油菜	白菜型油菜	芥菜型油菜
染色体数	$2n=38$	$2n=20$	$2n=36$
株高	较高	较矮	较高
叶色	蓝绿，有蜡粉	深绿至淡绿	深绿或紫绿
薹茎叶柄	无柄，半抱茎	无柄，全抱茎	有柄，不抱茎
基部叶型	基部叶有琴状裂片	椭圆、光滑	有小裂片
花形、花色	花瓣大、黄色	较大、黄至深黄	花瓣小、淡黄或白黄
自交结实率	60%以上	15%～25%	70%～80%
角果	较长，皮呈褐色	较肥大,果缘皮色黄、黄褐	细而短，黄、红、褐
种子千粒重	种子大，3～4 g	种子小，3 g 左右	种子小，1～2 g
种子含油率	35%～45%	35%～45%	30%～35%
生育期	170～230 天	150～200 天	160～210 天

（二）油菜育种

1. 世界油菜育种

世界油菜育种科学发展的历史，大致上分为 4 个阶段：

第一阶段，在 20 世纪 20—30 年代，欧洲的德国和瑞典、亚洲的日本等国，先后开展了油菜育种研究。

第二阶段，在20世纪40—60年代，在欧洲，德国和瑞典先后开展了油菜现代育种研究，育成了一批甘蓝型油菜新品种；在加拿大，分别由阿根廷和波兰引进甘蓝型和白菜型春油菜，逐年扩大种植面积；在亚洲，日本开创了甘蓝型油菜育种的先声，通过品种间和种间杂交，育成农林番号的甘蓝型油菜品种40多个。中国是1935年前后引进了甘蓝型日本油菜和欧洲油菜，仅在局部地区栽培，未开展育种研究。在20世纪50年代前期，以调查、征集和评选地方油菜品种为主，将评选出来的优良品种，就地繁殖、推广，如湖北省的浠水白、麻城白果甜油菜，四川省的矮油菜、七星剑，湖南省的洞口甜油菜，浙江省的金华红籽，江苏省的苏州藏菜、泰兴油菜，新疆的拜城黄油菜，贵州的牛耳朵，云南昆明高稞等。1954年在长江流域开始试种并逐步推广日本“胜利油菜”，直至20世纪60—70年代。同时，在全国开展甘蓝型油菜育种工作，并在生产上推广应用，使油菜籽亩产由30 kg，提高到40～50 kg。

第三阶段，在20世纪60—80年代，是开展油菜品质育种和杂种优势利用的时期。加拿大油菜专家从德国饲料用油菜品种（芥酸含量为6%～50%，变幅很大）中，选择出芥酸含量接近零的材料，从而育成了无芥酸的自交系，是世界上第一个采取遗传改良得到的油菜品质育种成果。以此为基础，1964年育成了世界上第一个无芥酸甘蓝型油菜品种。20世纪60年代后期，波兰专家发现早期育成的甘蓝型春油菜品种硫苷含量只有普通品种的1/10，这是世界上低硫苷含量的唯一种源。加拿大于1974年育成了世界上第一个甘蓝型油菜双低品种，1977年育成了第一个白菜型双低品种。

在中国，1943年浙江大学农学院孙逢吉教授在《中华农学会报》上，发表第一篇“芸薹属之杂种优势”。1965年四川省农业科学院刘光辉等，在白菜型油菜中首先发现胞质雄性不育材料，并开展了三系配套研究；此后全国各育种单位都相继开展了甘蓝型杂交油菜的育种研究。1972年，华中农学院傅廷栋教授发现了甘蓝型胞质雄性不育材料波里马，次年将自由授粉的种子分发给全国各地。1976年湖南省农业科学院崔德诉等首次实现了波里马三系配套。1985年陕西省农垦科教中心李殿荣研究员，育成了甘蓝型杂交油菜品种秦油2号，在华北和长江流域推广，是国际上第一个大面积应用于生产的油菜杂交种。中国农业科学院油料作物研究所贺源辉研究员，通过复合杂交育成了甘蓝型油菜中油 821，由于高产、稳产、抗病、适应广，在全国迅速推广。

第四个阶段，是 20 世纪 90 年代至今，围绕低芥酸、低硫苷、高含油量和优质、高产、多抗等广泛开展育种研发与应用。1992 年，华中农业大学傅廷栋等育成了我国第一个通过审定的低芥酸甘蓝型不育三亲杂交油菜华杂 2 号、双低杂交油菜华杂 3 号；中国农业科学院油料作物研究所王汉中等育成了中油杂 1 号以及中双 4 号、华双 3 号等品种。到 2020 年年底，中国已育成的双低优质油菜新品种达 1 000 多个，居世界领先地位。

2. 中国油菜品种推广

我国油菜资源十分丰富，但油菜育种起步较晚。20 世纪 50—70 年代，在长江流域油菜产区，大面积推广的油菜品种是农家白菜型、芥菜型老品种，以及从日本引进的甘蓝型“胜利油菜”品种。胜利油菜比白菜型和芥菜型油菜品种增产 30%～50%，全国年推广种植面积达 800 多万亩，成为世界上继欧洲、加拿大之后的第三大甘蓝型油菜产区。但是，由于我国油菜种植制度是一年两熟或三熟，而欧洲和美洲是一年一熟制，引进的甘蓝型油菜品种生育期长，不适合我国一年多熟制要求。因此，全国各地科研单位先后系统开展了早熟高产育种，经过 20 年的努力，育成了具有我国代表性的甘蓝型油菜新品种甘油 3 号、甘油 5 号、川油 9 号、华油 8 号、云油 9 号、宁油 7 号、湘油 5 号、南阳 41、西南 302 等品种，在各地区大面积推广，逐步取代胜利油菜。

20 世纪 50—70 年代末，我国油菜育种以产量和熟期为目标，育成白菜型、芥菜型和甘蓝型品种 200 多个，在生产上大面积推广的甘蓝型品种 30 多个，推广面积在百万亩以上的有 10 余个新优品种，其中推广最广、面积最多的是中油 821，使我国成为世界上甘蓝型油菜面积最大的国家。

20 世纪 80—90 年代，我国主要推广双低油菜品种，如华双 1 号、华双 2 号、华双 3 号、华黄 1 号、中双 2 号、中双 4 号、华油杂 3 号、华油杂 4 号、中油杂 1 号等品种。尤其是中双 4 号，是中国农业科学院油料作物研究所，用中油 821×中双 2 号培育成的半冬性、甘蓝型油菜品种，1993 年通过湖北省品种审定，平均亩产量比对照中油 821 增产 8%～10%，芥酸含量小于

1%，饼粕硫苷含量 13 μmol/g，菜籽含油率 42%，原种菜籽中芥酸含量接近于 0，饼粕蛋白质含量超过 37%，抗菌核病、抗冬春季低温寒潮能力强。

进入 21 世纪，我国油菜育种迈入了新的里程碑，育成了一大批油菜籽亩产量 200 kg 以上、含油量 40%以上、芥酸含量 1%以下、饼粕硫苷含量低于 30 μmol/g 的优质油菜品种。

中国农业科学院油料作物研究所育成了油菜籽含油量超过 50%的高油品种中油杂 19；华中农业大学育成了抗根肿病品种，如华油杂 62R、华双 5 号 R 品种、中油 811、华油杂 160R 等。

3. 油菜品种简介

(1) 高油酸品种：华油 2129、华油 2101、中油 808、中油 814 等。

华油 2129：GPD 油菜（2018）420416，是华中农业大学用 H05A×甲 F31 选育而成的甘蓝型杂交油菜品种。国家冬油菜新品种试验长江下游区株高 157.5 cm，分枝数 9.7 个，单株有效角果数 308.5 个，每角粒数 20.15 粒，千粒重为 4.61 g。生育期 227.45 天。湖北省油菜主产区和湖南省常德的多点试验中，生育期 213.5 天。油酸含量为 75.5%，属于高油酸油菜品种。硫苷含量 25.69 μmol/g，含油量 46.07%。低感菌核病，高抗病毒病，抗寒性较强，抗裂荚较强，抗倒性强。第 1 生长周期亩产 182.8 kg，比对照秦优 10 号增产 5%；第 2 生长周期亩产 177.95 kg，比对照秦优 10 号增产 0.9%。

华油 2101：GPD 油菜（2019）420208，是华中农业大学用中双 11×D126 选育而成的甘蓝型半冬性常规种。全生育期 214.6 天。苗期半直立，叶片中等绿色，顶叶中等大，叶片长度中等，苗期长势强。花瓣中等黄色，长度中等，侧叠状。籽粒黑褐色。株高 165 cm，第一次有效分枝 6.5 个，单株有效角果数 237.7 个，每角粒数 22.5 个，千粒重 4.53 g。食用油芥酸含量 0.15%，硫苷含量 25.59 μmol/g，含油量 48.5%。低感菌核病，高抗病毒病，抗寒性较强，抗裂角，抗倒性强。第 1 生长周期亩产 167.45 kg，比对照华杂 9 号减产 5.5%；第 2 生长周期亩产 174.26 kg，比对照华杂 9 号减产 5.0%。

中油 808：GPD 油菜（2021）420059，是中国农业科学院油料作物研究所用 H08CA×ZYP96 选育而成的甘蓝型半冬性化学诱导雄性不育两系杂交种。苗期半直立，叶片中等绿色，叶片长度中，叶片宽度中等；有裂片，裂片数量 8.0；叶柄长度长；主茎蜡粉少，主茎花青苷显色弱；开花期中，果身长度中，角果姿态上举；籽粒颜色黑褐色。在 2018—2020 年度长江下游区油菜新品种联合试验中平均亩产 189.09 kg，与对照秦优 10 号相当。平均全生育期 220.4 天，与秦优 10 号相当。株高 177.07 cm，分枝部位 66.12 cm，一次有效分枝数 8.46 个，单株有效角果数 378.4 个，每角粒数 21.76 粒，千粒重 4.03 g。品质经农业农村部油料及制品质量监督检验测试中心抽样检测，油酸含量 75.85%。食用油芥酸含量 0.077 7%，硫苷含量 21.69 μmol/g，含油量 45.78%。抗病毒病，低感菌核病，抗倒性强。在 2020—2021 年长江中游区油菜新品种联合试验中，平均亩产 159.14 kg，与对照华油杂 12 号相当。

中油 814：是中国农业科学院油料作物研究所用 H08CA×ZY4943 选育而成的甘蓝型半冬性化学诱导雄性不育两系杂交种。苗期生长势较强，幼苗半直立，叶中等绿色，有裂叶，花瓣黄色。在 2019—2021 年长江中游区油菜新品种联合试验中，两年平均亩产 181.71 kg，比对照华油杂 12 号增产 1.83%，亩产油量 85.89 kg，比对照华油杂 12 号增产 8.53%。平均全生育期 207.1 天，株高 178.0 cm，分枝部位 91.4 cm，有效分枝数 6.4 个，单株有效角果数 209.7 个，每角粒数 20.5 粒，千粒重 3.99 g。品质经农业农村部油料及制品质量监督检验测试中心抽样检测，油酸含量 75.6%，芥酸含量 0.017 2%，硫苷含量 21.73 μmol/g，含油量 47.27%。抗病毒病，低抗菌核病，抗倒性强。

(2) 抗根肿病品种：华油杂 62R、中油 811、华油杂 160R、华双 5 号 R 等。

华油杂 62R：GPD 油菜(2018)420213，是华中农业大学用 2063A×05-P71-2R 选育而成的甘蓝型油菜半冬性波里马细胞质雄性不育系杂交种。在湖北、安徽等省冬油菜主产区秋播种植全生育期 219 天，在陕西省春播种植全生育期 141 天。苗期长势中等，半直立，叶片缺刻较深，叶色浓绿，叶缘浅锯齿，无缺刻，蜡粉较厚，叶片无刺毛。花瓣大、黄色、侧叠。平均株高 177 cm，一次有效分枝数 8 个，单株有效角果数 299.5 个，每角粒数 21.2 粒，千粒重 3.77 g。食用油芥酸含量 0.45%，硫苷含量 29.68 μmol/g，含油量 41.46%。低感菌核病，中抗病毒病，对根肿病 4 号生理小种具有免疫抗性，抗倒性强。

第 1 生长周期亩产 200 kg，比对照华油杂 62 增产 100%；第 2 生长周期亩产 190 kg，比对照华油杂 62 增产 111%。

华油杂 160R：GPD 油菜（2019）420214，是华中农业大学、武汉联农种业科技有限责任公司用 RG430A×627CR 选育而成的甘蓝型半冬性核不育三系杂交种，在冬油菜生态区全生育期 215.6 天左右，株高 178 cm 左右。苗期半直立，顶裂叶中等大，叶色绿色，有蜡粉，叶片长度中等，侧叠叶 2 对以上，裂叶深中等，叶脉明显。花瓣黄色，花瓣长度中等，宽中等，呈侧叠状；种子黑褐色。一次有效分枝数 7.5 个左右，中等分枝类型，单株有效角果数 298 个左右，每角粒数 22 粒左右，千粒重 3.89 g 左右。硫苷含量 21.68 μmol/g，含油量 47.55%。低感菌核病，抗病毒病，抗寒性较强，抗裂荚性中等，抗倒性强。第 1 生长周期亩产 198.73 kg，比对照华油杂 12 号增产 3.13%；第 2 生长周期亩产 195.24 kg，比对照华油杂 12 号增产 3.14%。

中油 811：GPD 油菜（2021）420061，是中国农业科学院油料作物研究所用中双 11CA×H028 选育而成的甘蓝型半冬性化学诱导雄性不育两系杂交种。苗期半直立，叶片中等绿色，叶片长度中，叶片宽度中；有裂片，裂片数量 8.5；叶柄长度中；主茎蜡粉少，主茎花青苷显色弱；开花期中，果身长度长，角果姿态上举；籽粒颜色黑褐色。在 2018—2020 年湖北省油菜品种区域试验中，两年平均亩产 231.83 kg，比对照华油杂 9 号增产 0.05%，亩产油量 101.26 kg，比对照华油杂 9 号增产 1.63%。平均全生育期 213.9 天，比对照华油杂 9 号晚熟 1.2 天。株高 198.25 cm，分枝部位 115.50 cm，一次有效分枝数 6.03 个，单株有效角果数 196.15 个，每角粒数 19.88 粒，千粒重 3.39 g。品质经农业农村部油料及制品质量监督检验测试中心抽样检测，芥酸含量 0.02%，硫苷含量 21.01 μmol/g，含油量 43.68%。抗病毒病、根肿病（4 号生理小种），低感菌核病，抗倒性较强。

（3）适宜油蔬两用品种：中油杂 19、中油 98D、中双 9 号等。

中油杂 19：GPD 油菜（2017）420053，是中国农业科学院油料作物研究所用中双 11 号×zy293 选育而成的甘蓝型半冬性化学诱导雄性不育两系杂交种。在 2011—2013 年国家长江下游区油菜品种区域试验中，两年平均亩产 195.35 kg，比对照增产 0.27%，平均亩产油量 97.57 kg，比对照增产 12.7%。全生育期 230 天。幼苗半直立，裂叶，叶缘无锯齿，叶片绿色，花瓣黄色，籽粒黑褐色。株高162.7 cm，一次有效分枝数6.57个，单株有效角果数277.7个，每角粒数22.3粒，千粒重4.09 g。菌核病发病率28.5%，病指16.15；病毒病发病率5.09%，病指2.83；低抗菌核病、抗病毒病；抗倒性强。品质经农业农村部油料及制品质量监督检验测试中心抽样检测，芥酸含量0.15%，硫苷含量21.05 μmol/g，含油量50%。油蔬兼用，试验中菜薹平均产量501.64 kg/亩，摘薹后菜籽不减产，菜薹甜脆爽口，营养丰富，维生素C含量达到1 300 mg/kg（鲜重），与维生素C之王猕猴桃含量相当，且硒含量也达到富硒标准，是可口且高营养的高端蔬菜。

（4）优质高产品种：中油杂501、中油杂39、华油杂158、华油杂82、金油杂6号、华油杂50、圣光168、大地199、中双11号等。

中油杂39：GPD油菜（2020）420123，是中国农业科学院油料作物研究所用中双11CA×5DH2900选育而成的甘蓝型半冬性化学诱导雄性不育两系杂交油菜品种。苗期生长势较强，幼苗半直立，叶中等绿色，有裂叶，花瓣黄色。在2017—2019年湖北省油菜新品种试验中，两年平均亩产217.51 kg，比对照华油杂9号增产5.1%，平均亩产油量103.14 kg，比对照华油杂9号增产14.37%。平均全生育期205.3天。株高183.08 cm，分枝数部位93.65 cm，一次有效分枝数6.43个，单株有效角果数210.23个，每角粒数22.60粒，千粒重3.23 g，单株产量14.85 g。品质经农业农村部油料及制品质量监督检验测试中心抽样检测，食用油芥酸含量0.03%，硫苷含量21.23 μmol/g，含油量47.42%。低感菌核病，抗病毒病，抗倒性强。

华油杂158：GPD油菜（2019）420029，是华中农业大学用8000A×Bing409选育而成的半冬性甘蓝型杂交油菜品种。苗期直立，叶缘绿色，叶浅缺刻，叶片中等长度，叶色浅绿色；主茎绿色，花瓣中等黄色，花瓣分离；角果上举，中等偏长，籽粒黑褐色。生育期238.7天，花期28天，株高155.37 cm，分枝部位34.80 cm，有效分枝7.78个，单株有效角果数341.38个，每角粒数21.10粒，千粒重3.95 g。食用油芥酸含量0.09%，硫苷含量13.00 μmol/g，含油量47.63%。低抗菌核病，抗病毒病，抗寒性较强，抗倒性较强，耐湿性较强。第1生长周期亩产212.28 kg，比对照平均增产5.36%；第2生长周期亩产164.63 kg，比对照平均增产14.71%。

金油杂 6 号：GPD 油菜（2019）420002，是湖北国科高新技术有限公司、华中农业大学用浙油 28×1-641 选育而成的半冬性甘蓝型杂交油菜品种。苗期直立，叶缘绿色，叶浅缺刻，叶片中等长度；主茎绿色，花瓣中等黄色，花瓣分离；角果上举，中等偏长；籽粒褐色。生育期 221.1 天，株高 149.89 cm，有效分枝 7.02 个，单株有效角果数 298.43 个，每角粒数 20.28 粒，千粒重 4.29 g，单株产量 20.27 g。硫苷含量 22.31 μmol/g，含油量 46.49%。低感菌核病，抗病毒病；抗寒性中等；耐湿性强；抗倒性强。第 1 生长周期亩产 186.93 kg，比对照秦优 10 号增产 14.7%；第 2 生长周期亩产 183.00 kg，比对照秦优 10 号增产 8.5%。

圣光 168：GPD 油菜（2019）420111，是华中农业大学、武汉联农种业科技有限责任公司用 RG430A×Y522R 选育而成的甘蓝型半冬性核不育三系杂交种。在春油菜生态区全生育期 125.8 天左右，在冬油菜生态区全生育期 205.2 天左右，株高 178.6 cm 左右。苗期半直立，顶裂叶中等大，叶色绿色，有蜡粉，叶片长度中等，侧叠叶 2 对以上，裂叶深中等，叶脉明显。花瓣黄色，花瓣长度中等，宽中等，呈侧叠状。种子黑褐色。一次有效分枝数 7.2 个左右，中等分枝类型，单株有效角果数 320.7 个左右，每角粒数 20.9 粒左右，千粒重 4.06 g 左右。食用油芥酸含量 0.06%，硫苷含量 34.43 μmol/g，含油量 48.68%。低抗菌核病，抗病毒病，抗寒性强，抗裂荚性中等，抗倒性强。第 1 生长周期亩产 222.90 kg，比对照华油杂 9 号增产 9.8%；第 2 生长周期亩产 195.37 kg，比对照华油杂 9 号增产 8.2%。

大地 199：GPD 油菜（2017）420056，是中国农业科学院油料作物研究所、武汉中油科技新产业有限公司、武汉中油大地希望种业有限公司用中双 11CA×R11 选育而成的半冬性甘蓝型杂交种。在长江中游和长江下游地区平均全生育期分别为 209.2 天和 227.5 天。苗期植株生长习性半直立，叶片颜色中等绿色，叶片裂片数量 7～9 片，叶缘缺刻程度中等。花瓣相对位置侧叠，中等黄色。角果果身较长，角果姿态平生。在长江中、下游地区平均株高 157.19 cm，分枝部位高度 60.66 cm，有效分枝数 7.04 个，单株有效角果数 264.33 个，每角粒数 19.53 粒，千粒重 4.51 g。硫苷含量 21.80 μmol/g、含油量 48.67%。低感菌核病，抗病毒病，耐旱、耐渍性强，抗寒性中等，抗倒性强。第 1 生长周期亩产 205.69 kg，比对照秦优 10 号增产 10.2%；第 2

生长周期亩产 176.49 kg，比对照秦优 10 号增产 10.9%。

(5) 油菜薹品种：硒滋圆 1 号、硒滋圆 2 号、狮山油菜薹等。

硒滋圆 1 号：是中国农业科学院油料作物研究所王汉中院士团队依托所发掘的优异种质资源，利用聚合杂交、小孢子培育、分子标记辅助选择等现代育种手段，成功育成全球首个硒高效蔬菜杂交种硒滋圆 1 号。硒滋圆 1 号具有极强的硒富集能力，在全国多个非富硒土壤种植其油菜薹硒含量在 0.01～0.07 mg/kg，还具有高钙、高维生素 C、高氨基酸和高锌的特性，营养丰富、颜色翠绿、口感脆嫩，医疗保健功效开发潜力巨大。硒滋圆 1 号播种后 2 个月即可采摘，一次种植可采摘 3～4 茬，平均亩产量达 700 kg，最高可达到 1 500 kg 以上，配套密植栽培措施可实现更高产。

硒滋圆 2 号：是在硒滋圆 1 号品种基础上选育的专用菜用杂交种，相比于硒滋圆 1 号，硒滋圆 2 号具有更早薹、硒富集能力更强的两大优势。

狮山油菜薹：是武汉蔬博农业科技有限公司、华中农业大学、武汉市农业科学研究院蔬菜研究所联合研发，充分发挥产、学、研一体化优势，是国内首个专用的薹用油菜新品种，也是国内首个薹用油菜杂交新品种。根据农业部食品质量监督检查测试中心（武汉）检验结果，狮山油菜薹维生素 C 含量高达 858.6 mg/kg。

三、油菜生产与贸易

（一）全球油菜产销

1. 全球油菜生产

油菜作为全世界主要的植物油源和饲料源，进入 21 世纪以来，发展速度很快。据联合国粮农组织（FAO）数据库资料，1950—1980 年 30 年间世界油菜籽总产量增长 148%；1980—1993 年又增长了 1.6 倍；1990—2018 年油菜籽种植面积由 2.56 亿亩发展到 5.64 亿亩，翻了一番多，油菜籽总产量由 2 430 万 t 增加到 7 500 万 t，单产由每亩 95 kg，提高到 140 kg 以上（表 2-2）。

表 2-2　世界油菜籽生产情况

年份	面积/亿亩	总产量/万 t	单产/(kg/亩)	年份	面积/亿亩	总产量/万 t	单产/(kg/亩)
1971 年	1.270 0	660	52	2010 年	4.814 4	5 985	124
1990 年	2.562 6	2 430	95	2011 年	5.067 1	6 270	124
1991 年	2.978 4	2 722	91	2012 年	5.112 8	6 506	127
1992 年	3.104 1	2 614	84	2013 年	5.470 0	7 267	133
1998 年	3.732 3	3 240	92	2015 年	5.216 9	7 117	136
1999 年	4.039 2	4 100	102	2016 年	4.876 2	6 809	140
2000 年	3.876 6	3 953	102	2017 年	5.338 8	7 637	146
2003 年	3.386 6	3 400	100	2018 年	5.637 0	7 500	133

资料来源：联合国 FAO 数据库

油菜主产国家有 30 多个，主要分布在亚洲、欧洲和美洲以及大洋洲，其中生产数量较多的国家有中国、加拿大、印度、法国、德国、澳大利亚、乌克兰、波兰、英国、美国。油菜籽单产水平较高的是英国、法国、德国，亩产量在 200 kg 以上；其次是乌克兰、波兰、加拿大、美国和中国，亩产量在 135～176 kg（表 2-3）。

表 2-3　1990—2018 年世界油菜籽主产国家生产数据　　万亩，kg/亩

国家	1990 年		2010 年		2018 年	
	面积	单产	面积	单产	面积	单产
世界	25 626	95	48 144	124	56 370	133
中国	8 255	84	11 054	118	9 827	135
加拿大	3 945	84	10 287	124	13 680	149
印度	7 050	60	8 370	79	10 050	84
法国	1 040	194	2 198	219	2 424	204
德国	1 085	200	2 192	260	1 836	200
澳大利亚	110	104	2 543	75	4 757	82
乌克兰			1 295	114	1 559	177
波兰	690	174	1 418	157	1 245	176
英国	596	207	963	232	875	230
美国	45	145	870	128	1 184	139

资料来源：联合国粮农组织（FAO）统计

2. 全球油菜籽贸易

油菜籽出口较多的国家有加拿大、法国、澳大利亚、德国、美国，出口量分别占全球出口总量的36%、20%、15%、6%和2%。

油菜籽进口较多的国家有中国、日本、德国、比利时、美国和英国，进口量分别占全球进口总量的27%、20%、13%、7%和3%。

（二）中国油菜籽生产

1. 中国油菜产区划分

我国油菜以长江、黄淮流域生产为主，以六盘山和太岳山为界限，大致分为冬油菜和春油菜两大产区。六盘山以东和延河以南，太岳山以东为冬油菜区；六盘山以西和延河以北，太岳山以西为春油菜区。

（1）冬油菜区。集中分布于长江流域各省及云贵高原，种植面积约占全国油菜总面积的90%，总产约占全国总产量的90%以上。冬油菜区又分6个亚区，分别为华北关中亚区、云贵高原亚区、四川盆地亚区、长江中游亚区、长江下游亚区和华南沿海亚区。其中四川盆地、长江中游、长江下游三个亚区是冬油菜的主产区，均以水稻生产为中心，实行油菜、水稻的一年两熟或三熟制。

（2）春油菜区。种植面积产量均只占全国油菜的10%左右。春油菜分为三个亚区，分别为青藏高原亚区、蒙新内陆亚区和东北平原亚区。

2. 中国油菜生产

在20世纪50—70年代，种植面积稳定在2 500万亩，1975年超过3 000万亩，1980年发展到4 266万亩，1985年上升到6 741万亩，1990年达到8 255万亩，1995年突破1亿亩，达到1.036 1亿亩，2000年发展到1.124 1亿亩，一直持续到2015年。2016—2019年，下降至9 874万亩(表2-4)。

油菜生产面积在200万亩的有13个省份，其中稳定在1 000万亩以上的有四川、湖南、湖北3个省，2019年四川省油菜面积为1 828万亩，油菜籽总产量296.5万t；湖南省种植面积1 833万亩，总产量208万t；湖北省种植面积1 399.5万亩，总产量211.4万t（表2-5）。

表 2-4　中国油菜籽生产情况

年份	面积/万亩	总产量/万 t	亩产/kg	年份	面积/万亩	总产量/万 t	亩产/kg
1978	3 910.0	186.8	48	2010	10 974.0	1 278.8	116.5
1980	4 266.0	238.4	56	2015	10 541.5	1 385.9	131.5
1985	6 741.3	560.7	83	2016	9 934.2	1 312.8	132.1
1990	8 255.1	695.8	84	2017	9 979.5	1 327.4	133.0
1995	10 361.0	977.7	94.4	2018	9 825.9	1 328.1	135.2
2000	11 241.6	1 138.1	101.2	2019	9 874.5	1 348.5	136.6
2005	10 917.7	1 305.2	119.5	2020	10 147.5	1 404.9	138.5

资料来源：1978—1995 年中国农村经济统计资料（1949—1996 年），2000—2019 年为中国农村统计年鉴（2021 年）

表 2-5　2019 年油菜主产地生产情况

主产地	面积/万亩	总产量/万 t	亩产/kg	主产地	面积/万亩	总产量/万 t	亩产/kg
江苏	238.7	50.45	211.4	四川	1 827.8	296.45	162.2
内蒙古	369.3	38.98	105.6	贵州	746.6	77.25	103.5
安徽	535.5	87.28	163.0	云南	384.2	54.10	140.8
江西	724.5	68.87	95.1	陕西	263.9	37.26	141.2
湖北	1 399.5	211.35	151.0	甘肃	262.4	35.61	135.7
湖南	1 833.3	208.01	113.5	青海	218.7	28.66	131.0
重庆	375.3	49.89	132.9				

资料来源：中国农村统计年鉴（2020 年）

（三）湖北省油菜生产

湖北省地处长江中游，气候、土壤、耕作制度都比较适合油菜生产。20 世纪 50—70 年代，油菜种植面积在 200 多万亩，1985 年发展到 542 万亩，1990 年达到 1 116.5 万亩，2000 年突破 1 700 万亩，最高年是 2004 年，面积 1 779.2 万亩，总产量 235.1 万 t（表 2-6）。

湖北省油菜生产大县 35 个，2019 年面积超过 20 万亩的有 21 个县（市），其中面积最多的是监利市，达到 109 万亩，其次是仙桃市 73.5 万亩，沙洋县 56.4 万亩，天门市 45.5 万亩，公安县 44.8 万亩，钟祥市 41.9 万亩（表 2-7）。

表 2-6　湖北省油菜籽生产情况

年份	面积/万亩	总产量/万 t	亩产/kg	年份	面积/万亩	总产量/万 t	亩产/kg
1978	247.9	10.7	43.2	2010	1 634.2	220.4	134.9
1980	263.7	11.6	44.0	2015	1 605.8	226.0	140.7
1985	542.1	41.1	75.8	2016	1 475.4	211.1	143.1
1990	1 116.5	70.9	63.5	2017	1 456.8	213.2	146.3
1995	1 258.2	146.2	116.2	2018	1 399.5	205.3	146.7
2000	1 738.4	192.4	110.7	2019	1 407.5	211.4	150.2
2005	1 768.0	219.2	124.0	2020	1 551.5	241.1	155.4

资料来源：湖北农村统计年鉴（2020 年）

表 2-7　湖北省油菜大县生产情况　　万亩，t，kg

产地	2004 年			2019 年		
	面积	总产	亩产	面积	总产	亩产
监利	83.4	90 546	108.6	109.0	121 105	111.1
仙桃	79.8	128 775	161.4	73.5	114 087	155.2
沙洋	59.9	102 960	171.9	56.4	90 926	161.2
天门	90.7	98 410	108.5	45.5	72 308	158.9
公安	60.2	99 092	164.6	44.8	94 229	210.3
钟祥	60.2	89 183	148.1	41.9	67 024	160.0
黄梅	37.3	46 653	125.1	38.1	57 779	151.7
洪湖	31.2	55 016	176.3	37.3	75 322	201.9
咸安	26.1	27 897	106.9	35.6	38 906	109.3
武穴	32.2	52 515	163.1	31.9	51 390	161.1
赤壁	23.6	19 558	82.9	30.9	35 077	113.5
蕲春	22.1	24 130	109.2	30.5	47 147	154.6
当阳	37.2	57 514	154.6	29.8	43 785	146.9
阳新	26.9	21 393	79.5	27.5	39 622	144.1
浠水	40.3	53 841	133.6	27.1	41 800	154.2
麻城	34.5	38 107	110.5	26.4	40 613	153.8
京山	28.0	40 123	143.3	23.6	37 408	158.5
大冶	26.2	26 262	100.2	22.7	36 077	158.9
潜江	54.0	93 323	172.8	21.1	33 300	157.8
掇刀	37.9	59 267	156.4	20.8	33 160	159.4
石首	33.9	47 539	140.2	20.1	35 275	175.5

资料来源：湖北农村统计年鉴（2020 年）

第二节　油菜的生育进程与产量形成

一、油菜的生育期与器官构成

（一）油菜的生育期

油菜从播种到成熟，所需要的时间，因油菜不同类型、品种、地区自然条件和播种期早迟等相差很大。白菜型品种全生育期150～200天，芥菜型品种160～210天，甘蓝型品种170～230天。湖北省对甘蓝型油菜品种熟期划分标准大致为：5月5日以前成熟的为早熟，5月6～10日成熟的为中熟，5月11日以后成熟的为晚熟。

油菜的一生是自种子萌发到新的种子成熟的全过程。可划分为发芽出苗期、苗期、蕾薹期、开花期和角果发育成熟期，各个阶段的生长发育特点各不相同。

1. 发芽出苗期

指油菜播种到幼苗子叶出土平展经历的时期。

油菜种子无明显休眠期，成熟的种子播种后条件适宜即可发芽。种子发芽最适宜温度为25 ℃，低于3～4 ℃或高于36～37 ℃都不利于发芽。一般5 ℃以下需20多天才能出苗，16～20 ℃时，3～5天即可出苗。发芽以土壤水分为田间最大持水量的60%～70%较为适宜，种子需吸水达自身干重的60%左右。油菜发芽需氧量较高。

种子吸水膨大后，胚根先突破种皮，幼根深入表土2 cm左右时，根尖生长出许多白色根毛。胚芽向上伸长，幼茎直立于地面，两片子叶张开，颜色由淡黄转绿，达到出苗期。

2. 苗期

油菜从幼芽出苗到现蕾的一段时期为苗期。

此期是冬油菜生育期中最长的一个时期，如长江流域甘蓝型中熟品种苗期为120天左右，约占全生育期的一半。常根据其生育差异再划分为苗前期和苗后期。一般从出苗至开始花芽分化为苗前期，是营养生长期；开始花芽分化至现蕾为苗后期，在旺盛的营养生长的同时，伴随着生殖器官的生长与发育。也有按冬至节气作为划分苗前期和苗后期的界线。但是上述两种方法都不便于观察操作，按花芽分化始期划分，虽然比较准确，但是田间观察直观性差且需要损苗观察；按冬至节气划分又受品种、播期及气候等影响，预测准确性差。生产上以第一片短柄叶展开作为分界线，既直观又比较准确，是一种较好的形态鉴别方法。

苗前期，为营养生长期，主要是生长根系、缩茎、叶片等营养器官。子叶平展后的5天左右，开始长出第一片真叶，气温在20 ℃时4～6天长出一片真叶。长江流域冬季气温低，油菜叶片有明显的停滞生长阶段，称为越冬期。越冬前的油菜叶片数与油菜籽产量呈明显的正相关，俗语有“年前多长一片叶，年后多生一个枝，每亩多收十斤籽”。苗后期，为营养生长与生殖生长并进阶段，营养生长仍占绝对优势，主根膨大，幼苗健壮，分化较多的有效花芽，有利于壮苗早发，安全越冬，打好高产基础。

3. 蕾薹期

从现蕾至初花的一段时间，称为蕾薹期。

长江流域冬油菜甘蓝型中熟品种蕾薹期30天左右，是油菜一生中生长最快的时期。茎或分枝的顶端分化成花蕾，茎的伸长称为抽薹。至于是先现蕾还是先抽薹，因油菜的类型不同有稍许差异，甘蓝型半冬性油菜一般在现蕾之前基部茎段已开始缓慢延伸，现蕾后主茎加速生长，节间明显可见，当主茎高达10 cm时进入抽薹期。蕾薹期的长短主要受此期温度的影响，过长或过短均不利于油菜的高产。

油菜蕾薹期是营养生长与生殖生长并进时期，仍以营养生长为主，表现在主茎伸长、增粗，叶片面积迅速增大，到主茎开花时主茎上的叶片全部出齐，短柄叶腋一次分枝不断发生；根系继续伸展，活力增强。生殖生长由弱转强，花蕾不断分化发育长大，花芽数迅速增加，至始花期达最大值。

蕾薹期是搭好丰产架子的关键时期，要求达到春发、稳长、枝多、薹壮。冬油菜一般初春后气温5 ℃以上时现蕾，10 ℃以上时迅速抽薹。温度高主茎伸长太快，易出现茎薹纤细、中空和弯曲现象；温度低于0 ℃则易裂薹和死蕾。

4. 开花期

油菜始花到开花结束阶段，称为开花期。又分为初花期、盛花期、终花期，即田间有25%的植株开花为初花期，75%以上的花序开花为盛花期，75%以上的花序完全谢花为终花期。

初花期主茎上的叶都长齐，叶片数最多，叶面积达到最大；盛花期根、茎、叶等营养生长基本停止，主茎下部的叶片功能几乎全部丧失。生殖生长转入主导地位，表现在花序不断伸长，边开花边结角果，因而此期为决定角果数和每果粒数的重要时期。

开花期需要的温度为12～20 ℃，最适宜温度为14～18 ℃，气温在10 ℃以下开花数量显著减少，5 ℃以下不开花，低温易导致花器脱落，产生分段结实现象。温度高于30 ℃时虽开花，却结实不良。相对湿度为70%～80%，低于60%或高于94%都不利于开花，降雨会显著影响开花结实。开花期为油菜对土壤水分反映的“临界期”，缺水会影响开花或花器脱落。

5. 角果发育成熟期

指终花到角果种子成熟的一段时期。

此期一般30～35天，叶片逐渐衰亡，光合器官逐渐被角果取代，角果体积增大，幼胚发育，种子体积膨大，油分和其他营养物质快速积累，是决定粒数、粒重的时期。

此期需要适宜的温度为20 ℃，日均温在15 ℃以下中晚熟品种不能正常成熟，温度过高则易造成逼熟现象，种子千粒重不高，含油量降低。昼夜温差大和日照充足有利于提高产量和含油量。土壤水分以田间最大持水量的70%为宜，田间渍水或过于干燥易造成早衰，产量和含油率降低。

不良的气候条件、缺硼等，导致植株物质不能有效地转移至角果，易造成油菜开花受精不良、角果发育不完善，出现花器脱落或萝卜角（一个角果籽粒数在5粒以下），进而在叶腋又出现分枝、现蕾、开花的现象，称为油菜翻花（表2-8）。

（二）油菜的器官构成

油菜的器官包括种子、根系、茎秆、叶片、花器、角果等。

表 2-8　油菜生长发育进程

<table>
<tr><td>萌发</td><td>出苗</td><td>苗前期</td><td>苗后期</td><td>现蕾</td><td>抽薹</td><td>始花</td><td>盛花</td><td>终花</td><td>灌浆成熟</td></tr>
<tr><td colspan="2">发芽出苗期</td><td colspan="2">苗期</td><td colspan="2">蕾薹期</td><td colspan="3">开花期</td><td>角果成熟期</td></tr>
<tr><td colspan="3">营养生长期</td><td colspan="3">营养和生殖生长并进期、营养生长为主</td><td colspan="3">由营养和生殖生长两旺转为以生殖生长为主</td><td>生殖生长期</td></tr>
<tr><td colspan="2">＞3～5 天</td><td colspan="2">80～120 天</td><td colspan="2">30～50 天</td><td colspan="3">20～30 天</td><td>约 30 天</td></tr>
<tr><td colspan="2">9 月、10 月</td><td>10 月、11 月</td><td>12 月、1 月</td><td colspan="2">2 月</td><td colspan="3">3 月上旬至 4 月上旬</td><td>4 月中旬至 5 月上旬</td></tr>
</table>

1. 种子

种子是油菜的储藏器官，也是繁殖器官。油菜种子为圆形，较小，千粒重 3 g 左右，大粒种子可达 4.5 g 以上。种皮颜色有黑褐色或黄褐色、黄色。种子由种皮、胚乳和胚三部分组成，胚位于种子中央，由胚根、胚芽和子叶组成，两片子叶占种子比重的大部分，种子在土壤中萌发，胚根伸入土壤形成根系，下胚轴伸长将两片子叶顶出土，所以，油菜属双子叶植物。胚芽随着生育进程依次分化出叶、茎等器官。胚外包裹了一层由较多的蛋白质组成的胚乳遗迹大细胞。再外面就是由基层细胞组成的表皮，表皮通常有层排列整齐的薄壁细胞色素层，若这层色素淡或无，就可见黄色的胚乳、子叶等内部结构，这类油菜又称为黄籽油菜，与含油量的高低成正相关。油菜种子的主要成分有水分、脂肪、蛋白质、糖类、维生素、矿物质、植物固醇、植酸、多酚、磷脂和色素等，是人类栽培油菜收获的重要利用器官，是形成油菜产业的物质基础。

2. 根

油菜属直根系，其根由主根、侧根、支根和细根所组成。移栽油菜根系则像须根系。根的作用主要是吸收养分和水分。直根可伸入 100 cm 以上的深土层，支系根分布在 20～30 cm 的耕作层。根系水平拓展范围为 40～50 cm，也有大到 100 cm 宽度的。适度干旱和深施肥、重施磷肥有利于根系的向下分布。油菜根系发育的好坏直接影响到叶片数和叶面积，根深才能叶茂，壮苗必先壮根，渍害正是通过抑制根系的发育而造成危害的。此外，根还具有支撑油菜植株的作用。

3. 茎

油菜的茎分为根茎和主茎。伸长的下胚轴成为幼茎，到第一片真叶展开时就不再伸长，并随着幼苗生长而变粗、木质化。一般从子叶节以下，至开始发生侧根的这段幼茎成为根茎。根茎是根到茎的过渡阶段，其粗细、长短、直立状态是决定油菜抗倒性和产量高低的重要因素。油菜主茎由下到上分为缩茎段、伸长茎段和薹茎段。缩茎段位于主茎基部，节间短缩密集，圆形无棱，着生长柄叶。冬油菜有明显的缩茎段，而春油菜则不明显。油菜的缩茎段节间一般不伸长，若油菜苗期阴雨寡照、密度过大或者移栽不及时，则缩茎段就伸长，俗称高脚苗，不利于抗倒和夺高产。主茎中部成为伸长茎，着生短柄叶。薹茎段位于主茎上部，顶端着生主花序轴，节间依次变短，着生无柄叶。

茎是油菜的养分运输和储藏的主要器官，绿色的茎也能够进行光合作用合成养分。营养生长期为肉质茎，长大变粗，储藏养分；始花后干物质迅速增加，逐渐充实，不断积累储藏物质；角果发育成熟期，茎秆储藏的物质逐渐分解转移至角果，供种子发育充实，自身木质化、空心化。

茎组织由外向内由表皮、皮层和中柱组成，主要是通过皮层的细胞分裂达到增粗的目的。茎的粗细与着生的一次有效分枝、每株角果数等产量性状有密切关系。茎中的纤维素含量及构成对油菜的支撑作用有很大的影响。

油菜的每一叶腋都有 1 个腋芽，腋芽的节间伸长形成分枝。着生在主茎上的分枝叫第一次分枝，由第一次分枝的腋芽发育形成的分枝称为第二次分枝，依此类推。油菜属无限分枝、无限花序型，生产上就单位面积来计算并不是分枝越多，产量就越高，很多下部分枝因得不到光照和养分而成为无效分枝，油菜倒伏以后又分出的枝，开花结果遇高温通常瘪籽多。油菜的分枝习性决定了油菜的植株形态，下生分枝型的株形呈丛生状；上生分枝型的株型呈扫帚形；匀生分枝型的株形则呈扇形。

4. 叶

叶是油菜进行光合作用，合成油菜生长所需的大部分营养，也是进行蒸腾作用和呼吸作用，提供物质运输动力的主要器官，分为子叶和真叶。种子出苗，胚乳部分长成子叶，子叶储藏的养分是初期油菜生长的营养来源，也能进行光合作用制造养分。油菜子叶以上的胚轴伸长形成茎，茎各节点着生的叶叫真叶，分为长柄叶、短柄叶和无柄叶，由下向上依次分化而出。油菜一生分化的真叶多达30多片，不同时期分化出不同类型的叶片，所合成的养分储藏在茎、根中。每片叶片都有分化、生长、衰老的过程，并逐步脱落。油菜叶片的大小、颜色缺刻、刺毛、蜡质柄的长短、叶脉等均是区分不同品种的重要形态标记。

5. 花

油菜的花由外向内依次为花柄、花萼、花冠、雄蕊、雌蕊、蜜腺等，为雌雄同花。花柄着生在花轴上，发育成果柄。花萼由四片完全分离且狭长的萼片所组成，蕾期呈绿色，花期其色泽逐渐转淡呈黄绿色。花冠由四枚花瓣组成，花瓣下部较窄，呈带状，上部较宽，传统油菜花为黄色和白色，近年来通过远缘杂交育成了桃红、橘红等彩色油菜。花冠完全展开后呈“十”字形，所以油菜属十字花科。雄蕊由四长两短共六枚组成，又称四强雄蕊。每枚雄蕊由细长的花丝顶着两瓣花药组成，花药囊状利于花粉（雄性生殖细胞）发育，细长的花丝确保花药高过雌蕊利于授粉。花药萎缩败育、花丝不伸长是雄性不育系的典型特征。雌蕊由子房、花柱和柱头组成，细长、瓶状。子房位于基部，由两个心皮组成（也有变异为多个的，称为多室油菜），内面胚珠受精后发育成种子，子房发育成果实。柱头是接受花粉并决定花粉萌发与否和质量好坏的重要器官，最后和花柱一起发育成果喙。蜜腺位于花朵基部雌蕊与子房之间，共四枚，呈绿色。位于两个短雄蕊下面的蜜腺，蜜汁丰富；位于两对长雄蕊下面的蜜腺，不分泌蜜汁。油菜属于常异花授粉作物，通常是雌蕊接受同一朵花的雄蕊受精结实，但一般接受同一品种的不同花的花粉或不同品种的花粉也可以结实。有的品种雌蕊接受同一朵花的花粉而不能正常结实，这种现象称为自交不亲合性，是利用杂种优势的一种重要途径。

一株油菜的许多花组成花序，油菜属总状无限花序。在一定的条件下，油菜花序可以无限分枝、开花。生产上的油菜一般有近千朵花，其中主花序上有100多朵，这是考察品种产量潜力的重要指标。

6. 角果

雌蕊受精发育成角果，由下到上依次是果柄、果身和果喙。果喙由花柱和柱头发育而来，一般为角状，故油菜的果称为角果，也有像平头等其他的形状，可以据此鉴别不同品种，特别是有些雄性不育系的果喙具有明显特征。

果身由子房发育而来，一般为两室，少见三室或多室，由果柄与花轴相连。果柄由花柄发育而来，一个果柄上着生一个果身，有见两个或三个，称为复果油菜。根据果柄与花序轴连接的角度大小及角果的着生方向，分为直生型（果柄与花序轴呈近似 90°角，果身与花序轴呈垂直状）、斜生型（果柄与花序轴呈 40°～60°角，角果在花序轴上呈斜上着生）、平生型（果柄与花序轴呈 20°～30°角，角果向上生长，果身与花序轴近于平行）和垂生型（果柄与花序轴所成角度大于 90°，果身下垂），这是区分油菜品种的重要标志。

角果既是着生种子、形成产量的重要器官，也是重要的光合器官，其合成营养直接提供种子发育所需。选择合适的角果着生形态的品种，通过栽培技术形成合适的角果冠层，提高角果的光合利用效率是夺取油菜高产的重要途径。

二、油菜温光反应特性

油菜能顺利地完成生长周期，需要一定的外界环境条件，这是油菜长期适应不同地区的生态条件所形成的特性。同一品种生长周期的长短主要与油菜从营养生长进入生殖生长的迟早有关，生殖生长开始迟或早的主要因素是苗期的温度和光照条件。这种在长期系统发育过程中，形成的对一定温度光照条件的感应性称油菜的感温性和感光性。

（一）油菜的感温性

油菜一生中必须经历一段较低的温度条件，才能完成花芽分化，实现由营养生长阶段向生殖生长阶段的转变，进入现蕾和开花结实阶段，否则就停留在营养生长阶段。根据不同的油菜品种的感温特性，可以分为三种类型。

1. 冬性型

这类品种对低温要求严格，于 0～5 ℃条件下，经过 20～40 天才能进入生殖生长。冬油菜中的晚熟、中晚熟品种属于这一类，如甘蓝型晚熟品种跃进油菜、胜利油菜，及中晚熟双低品种中双 2 号等。

2. 半冬性型

这类品种要求一定的低温条件但对低温要求不严格，一般在 3～5 ℃条件下，经 20～30 天，即可通过感温阶段开始生殖生长。一般冬油菜中熟、早中熟品种属此类，如很多甘蓝型品种秦油 2 号、中油 821、湘油 11 号、华杂 2 号、华杂 3 号等，以及长江中、下游中熟白菜型品种均属此类。

3. 春性型

这类品种可在较高温度下通过感温阶段。一般 5～15 ℃条件下，15～20 天甚至更短的时间，即可通过感温阶段，开始生殖生长。冬油菜的极早熟、早熟品种和春油菜品种均属此类，包括我国华南地区白菜型及甘蓝型极早熟品种，西南地区白菜型早中熟和早熟品种及西北地区的春油菜品种等。如甘蓝型早熟品种黔油 2 号，甘蓝型春油菜品种陇油 1 号（高油分，低芥酸），白菜型早熟品种门油 4 号，以及白菜型早中熟品种青油 3 号（低芥酸）等。

（二）油菜的感光性

油菜发育中还必须满足其一定长光照的要求，才能现蕾的特性是油菜的感光性。油菜是一种长日照作物，不同品种的感光性与其地理起源和原产地生长季节中白昼的长短有关，一般将油菜不同的品种分为两种类型。

1. 强感光型

春油菜在开花前经历的光照强，故一般对光照长度敏感，开花前需经过 14～16 h 平均日照长度。

2. 弱感光型

冬油菜在开花前一般经历的光照较短，故对长光照不敏感，花前需经历的平均日长为 11 h 左右。

（三）油菜温光反应特性在生产实际中的应用

1. 引种

所引进的品种能否适应当地的自然气候条件与品种本身的温光特性关系很大。如将我国北方冬性强的冬油菜引到南方种植，因不能满足其低温要求，所以发育慢，成熟迟，甚至不能抽薹开花。反之若将西南地区春性强的冬油菜品种向北方引种，需注意播种期，秋播过早则发育快，易早薹早花。一般长江中、下游中熟品种可互相引种，而西南、华南春性较强的品种，则不适应引入长江中、下游种植，但可以引入华南等省，西南半冬性品种可引入长江中、下游栽培。

2. 品种的选择与搭配

在不同的气候条件及作物栽培制度下必须选用不同特性的品种。一般来说，甘蓝型油菜在我国大部分地区种植能够高产稳产，但在春油菜产区尤其是西部高寒地区仍以种植芥菜型和白菜型油菜较多，特别是生育期短的白菜型早熟品种，以适应春种夏收或夏种秋收。在长江流域三熟制地区，则必须选用早中熟或中熟的半冬性品种，两熟地区则可以选用中晚熟、苗期生长慢的冬性品种，以利于争取更高的产量。在华南沿海地区由于冬季气温高，只有春性型生育期短的品种才能正常发育，而且该地区春季雨水较多不利于油菜结果、成熟及收获，适宜栽培白菜型和极早熟的甘蓝型的品种（如泸州 5 号）。

3. 栽培管理

不同感温性的品种，播种期的选择有一定的差异。春性强的品种应适当迟播，若秋季过早播种会发生早薹早花，易遭冻害；而冬性强的品种应适时早播，以利用冬前时间促进其营养生长，壮苗越冬，以利于高产。春性品种发育快，田间管理应提早进行，否则营养不足，产量不高。

三、油菜的产量形成及高产途径

（一）油菜产量的构成因素

油菜的产量是由单位面积上的角果数、每果粒数和粒重三个因素构成，三者之积则为单位面积产量。

$$\text{油菜单位面积产量(kg)}=\text{单位面积角果数}\times\text{每果粒数}\times\frac{\text{千粒重}}{1\,000(\text{g})\times 1\,000}$$

在构成产量的三个因素中，单位面积的角果数变异最大，不同栽培条件常能相差 1～5 倍，因此它是大面积生产中调节潜力最大的产量因素，并且与产量形成一定的比例关系，基本上为 1 万个角果可以获得 0.5 kg 种子。每果粒数和粒重变异幅度则较小，不同栽培条件下，相差最多不超过 1 倍，若为同一品种，则变量更小，一般每果粒数变化范围在 10%以内，千粒重变化在 5%以内。不过当产量上升到一定程度，单位面积角果数已达到较高水平时，每果粒数与粒重对产量的影响则不可忽视。

（二）产量构成因素的形成

1. 单位面积角果数

单位面积角果数是单位面积株数和单株角果数的乘积，因而单位面积角果数的增加依赖于两者的提高。

（1）单位面积的株数　即密度，一般来说，通过增加密度来提高产量，效果是比较明显的。但增加密度有一定限度，超过一定的密度，特别是在肥沃的土壤上，产量不仅不能提高，甚至得到相反的效果。因此，应根据品种、气候、土壤、栽培水平等确定适宜的种植密度。

（2）单株角果数　主要由主花序角果数、一次分枝角果数及二次分枝角果数构成。其中稀植条件下（1 万株左右/亩）一次分枝角果数是主要的，占全株角果数的 70%左右；直播油菜密植条件下（2 万～3 万株/亩），主花序角果数占全株的 70%～80%。因此增加单株角果数应以增加一次分校数与每个分枝上的角果数为主。适时早播，培育壮苗，合理密植与施肥都可提高成枝率，而提高每枝上的角果数除了上述方面外，还应防止蕾、花、角果的脱落。

2. 每角粒数

油菜的每角粒数与每角胚珠数多少、胚珠受精率和结合子发育率有关。每角胚珠数的多少除与品种特性有关外，胚珠分化期间的植株长势和栽培条件也有很大影响，整株花的胚珠数约在现蕾前至开花期决定。天气晴朗适于昆虫活动，或养蜂传粉，人工辅助授粉都有利于提高胚珠受精率。每果结合子发育率与油菜后期长势和栽培条件好坏有关。

3. 粒重

油菜籽粒养分来源丁三个方面：薹、枝、叶绿色部分的光合产物（约占 20%），绿色角果光合产物（约占 40%）和植株体内储藏的物质（约占 40%）。因此要增加粒重，必须保证油菜开花后叶片、茎枝和角果皮有较旺盛的光合能力和保持根系的活力，使籽粒获得充足的营养。

目前较多的研究结果表明，在中低产田应主攻角果数，在高产和更高水平则主攻果粒数、粒重。在目前生产条件下，要获得每亩 150～200 kg 的高产，必须每亩有角果数 300 万～400 万个，每角果有 20 粒以上的种子，千粒重 3.5 g 左右。

（三）油菜高产途径

1. 油菜冬发高产途径

油菜在冬季生长有大有小，幼苗有 5～6 片绿叶越冬、叶面积指数 0.4 以上，苗架像饭盘般大小的叫“冬养”类型；幼苗有7～8片绿叶，叶面积指数0.8左右，苗架像菜碗般大小的叫“冬壮”类型；幼苗有9～10片绿叶，叶面积指数1.5以上，苗架似钵子般大小，开盘直径在30 cm以上者，称“冬发”类型。一般条件下，冬养油菜亩产量80 kg左右，冬壮油菜为100 kg左右，冬发油菜可达150 kg以上，因而冬发曾是20世纪80年代油菜重要的高产途径。冬发技术改变了我国以前油菜小苗越冬的状况，并且在研究中发现，在6～12片叶范围内，越冬植株每增加1片叶，年后亩产量提高15.4 kg；最大叶长在10～39 cm范围内，越冬期每增加1 cm，年后提高产量3.7 kg；最大叶宽在5～19 cm范围内，越冬期每增加1 cm，年后产量增加10.4 kg。应用冬发技术，需采用甘蓝型中熟品种，如中油821，移栽6～7片叶的大壮苗，80%的肥料在冬前施用，其中底肥约占50%，并注意防止菌核病。

2. 油菜秋发高产途径

油菜在秋末开盘发棵称“秋发”。即油菜在11月底有绿叶9～10片，叶面积指数1.5～2；而到越冬前（12月底），植株绿叶达12～13片（四川13～14片），叶面积指数2.5～3，这种油菜称为秋发生长型油菜。秋发油菜具有光能利用率高，生物产量高，角果数多，肥料利用率高，抗寒性强等特点。经系统研究表明，在长江中、上游两熟制地区，秋发油菜亩产量200 kg以上，长江下游为225 kg以上，比冬发型增产30%。秋发油菜栽培也需选用增产潜力大，抗性强，高产稳产的中迟熟甘蓝型良种，如中油821、秦油2号、中双2号等。应比冬养型提早播种10天以上，10月上中旬移栽4～6片叶壮苗。经综合评述模型的优化解析结果，中油821的秋发栽培模式为：9月5～10日育苗，苗龄29～35天，密度6 800～7 000株/亩。每亩施氮素（N）1.71～17.5 kg，五氧化二磷（P_2O_5）为7.2～7.5 kg，产量可达220 kg以上。秋发高产技术主要适合于长江中、上游地区推广，近年来已发展到江西、安徽、浙江、江苏等省。这项技术在冬发的基础上，进一步打破了长期存在的油菜栽培要安全越冬、开春促发的概念，使油菜的产量有了大的突破。

第三节 油菜栽培技术

一、播种前准备

（一）制订油菜种植计划

1. 依据区位优势制定种植面积

制订油菜种植面积计划时，需要考虑国家对发展油菜生产的宏观政策，市场对油菜籽的供求状况，以及当地发展油菜生产的区位优势，因地制宜制订出切实可行的种植计划。

湖北省地处长江中游的江汉平原腹地，既是全国油菜的主产区、高产区，又是最早推广普及双低优质油菜生产区，区位优势十分明显。80%的基本农田适宜油菜生产，尤其是江汉平原、鄂东丘陵及鄂北岗地，生态条件、耕作制度、种植习惯等，都比较适宜发展油菜生产。除沿江滨湖地区的低洼渍涝、稻虾共作水田，以及山区冷浸烂泥田，都可以种植油菜，注意恰当安排好与其他越冬作物小麦、马铃薯、蔬菜等种植田块的布局。

2. 依据生产条件制定产量指标

在制定油菜生产产量指标时，要依据当地的自然气候、土壤性质、劳动力和农业机械动能、物质投入等条件，做到以地定产。

（1）生态条件　首先要考虑气象条件。气温、降水、日照是否适宜油菜生长发育，满足甘蓝型优质高产油菜品种所需的条件。其次是土壤肥力。土壤肥力是土壤物理、化学和生物学特性的综合反映，有自然肥力和人为肥力，这里所说的土壤肥力，指的是在耕作、施肥、灌溉及其他技术措施等人为因素影响作用下，所产生的耕作化过程而形成的肥力。全省耕地土壤按其性状和肥力划分，上等和中等肥力的土壤占耕地面积76.3%，大面积土壤肥力水平，都有生产油菜籽200 kg左右的能力，一部分高肥力的可达250 kg以上。

（2）种植条件　油菜种植方式比较多，有育苗移栽、大田直播。大田直播包括翻耕整地直播、免耕直播，在直播方式上又有机械条穴播种、无人机播种、器械喷播和人工撒播等。育苗移栽和大田翻耕整地机械条穴播种，是高产的种植方式，油菜籽亩产量可达 200 kg 以上；无人机播种、器械喷播和人工撒播，是轻简化生产的种植方式，每亩可产油菜籽 200 kg 左右；大田免耕直播是抗灾保产能的种植方式，每亩可收获油菜籽 100～150 kg。

3. 依据生产效益制定投入成本

据《中国农村统计年鉴》全国种植生产成本收益资料，2019 年全国油菜籽亩均产量 140.5 kg，合计产值 728.7 元，总成本 914.7 元，其中生产成本 794.1 元（包括物质与服务费 249.3 元、人工成本 544.8 元），土地成本 120.6 元，净利润－186 元。

提升油菜生产效益的主要措施，一是依靠科技，提高单位面积产量，增加产值收入；二是节本增效，推广机械化、轻简化，降低生产成本，尤其是节省人工投入；三是综合开发，三产融合发展，提升经济效益。

（二）优选适宜种植区域

根据油菜生产对生态条件的要求，以及农业环境条件对油菜作物的适应程度等进行综合分析，将湖北省油菜划分为四大种植区。

湖北省 2019 年油菜籽面积 1 425.9 万亩，总产量 211.36 万 t，单产 148 kg。

1. 江汉平原油菜区

包括荆州市，荆门市的沙洋、东宝、掇刀，仙桃、天门、潜江，武汉市蔡甸、江夏、汉南、东西湖，孝感市汉川、云梦、应城，咸宁市嘉鱼，宜昌市当阳、枝江等，是全省油菜种植面积最大、总产量最多、单产居高的优势生产区。2019 年油菜种植面积 600 万亩，油菜籽总产量 93.14 万 t，单产 155 kg。

2. 鄂东油菜区

包括黄冈市、黄石市、咸宁市（不含嘉鱼）、鄂州市、武汉市的黄陂、新洲，孝感市的孝南、孝昌、大悟等，是全省第二大优势生产区。2019 年油菜种植面积 456.5 万亩，油菜籽总产量 65.3 万 t，单产 143 kg。

3. 鄂北油菜区

包括襄阳市（除南漳、谷城、保康），荆门市的钟祥、京山，孝感市的安陆等。生态气候条件比较好，尤其是油菜开花至成熟期间的温、光、水适宜，昼夜温差大，病虫害极轻，有利于油菜籽灌浆结实，产量高、品质优。2019年油菜种植面积140.9万亩，油菜籽总产量22.25万t，单产158 kg。

4. 鄂西山地油菜区

包括恩施州、十堰市、襄阳市的南漳、谷城、保康，宜昌市（不含当阳、枝江），神农架林区等。2019年油菜种植面积228.5万亩，油菜籽总产量30.67万t，单产134 kg。

（三）优选适宜油菜良种

1. 优良品种

应具备5个方面的主要条件：一是丰产性，在一定条件下种植，能够获得比较高的产量；二是优质性，所生产的产品品质较优，油菜籽达到双低标准，符合加工要求；三是抗逆性，能够抵抗或较耐当地不良天气和油菜菌核病等主要病害；四是适应性，能够满足当地气候条件下种植制度的需要；五是稳定性，种子遗传性状相对稳定，形态特征和生物学特性一致。

各地可因地制宜选用中油杂28、大地199、中油杂19、中油杂39、华油杂62、圣光128、利油杂1号、T2159、天油杂283、华919、利油618、阳光2009、文油99、中双11号、希望699。同时，积极示范华油杂28、阳光50、农油杂007、田油杂002、冈油28等新品种以及高油酸品种。在根肿病易发风险区，优先示范华油杂62R、华双5号R、圣光165R、中油811等抗根肿病新品种。严禁使用转基因种子，严禁从根肿病疫区调种。

2. 选种原则

选择合适的油菜品种，是夺取优质高产高效的基础。生产上要根据不同的条件、栽培目的等，选择适宜当地推广种植的品种。一般要把握好以下几项原则：

（1）优质化原则　随着城乡居民生活水平的提高，产品加工综合利用，市场上已普及了双低油菜品种。双低油菜是指油菜籽中芥酸含量低，菜籽饼中硫苷含量也低的油菜品种。

（2）安全性原则　长江流域冬油菜甘蓝型品种的生育期比较长，其间遭遇的外界逆境较多，选择品种时要充分考虑安全性。一是生育期，要选择甘蓝型中熟、中迟熟品种，慎重选择偏早熟的品种，容易导致早薹早花而减产；二是抗寒性，选择抗耐冬季低温冷冻、春季寒潮低温能力强的品种；三是耐湿性，春季多连阴雨，影响油菜根系发育，宜选择抗渍耐湿性强的品种；四是抗病性，油菜菌核病是油菜产区的主要病害，要选用抗（耐）病能力强的品种。

（3）综合用途原则　油菜主要是油用，近年来随着乡村振兴等需要，各地不断开发菜用、饲用、肥用、景观用等综合利用。不同用途选用相应的油菜品种，油用要选择高含油的品种，菜用选择分枝习性好、菜薹早生快发、薹叶叶柄短、叶片小、口感香、甜、脆的品种；景观用选择黄花、白花、紫花、红花等不同花色的品种，组配成大田种植图案，利于乡村旅游观光；饲用选择菜籽饼硫苷含量低于 30 μmol/g 的品种，饼粕可以作为畜禽的蛋白质配合饲料；另外，用作青饲料、绿肥的可选择生物产量和干物质含量高的品种。

（四）搞好种子处理

1. 种子晾晒

油菜种子已进入商品化时代，不论是杂交油菜还是常规油菜品种的种子，都是由种业公司经过严格的种子生产、精选、加工程序，采取小包装进入市场销售。种植农户适当提前 10 天左右购买种子，放在通风避光处保管，播种前 2～3 天，选晴天将种子包装袋打开，把种子放在席子上晾晒 1 天，切忌在高温的太阳直射下、水泥地上曝晒。种子晾晒既能够杀死种子表皮上面的病菌，又能提高发芽率、田间出苗率、成苗率，有利于培育壮苗。

2. 药剂拌种

针对地下害虫、土传病害和种子传染病，在播种时进行药剂拌种。可选用 75%的敌克松可湿性粉剂 500～1 000 倍液浸种，或 25%炭特灵可湿性粉剂拌种预防油菜根肿病，也可采用根必治和五氯硝基苯进行拌种。可选用种卫士、高巧、适乐时、锐胜等药剂拌种或包衣。

防虫可用 3%辛硫磷或毒死蜱颗粒剂 1～1.5 kg，与油菜种子及 2～3 kg 干细土混匀，随拌随播种，可有效防治地下害虫、油菜苗期蚜虫等。

机械条播或无人机播种的，可将药剂与种子混拌均匀，种皮上全部粘上药剂，晾 2 h 左右即可装机播种。

二、整地播种

（一）油菜对土壤的要求

油菜是根系发达、枝叶繁茂的作物，需要土层深厚、肥沃疏松、水分适宜的土壤条件，才能生长发育良好，获得高产。油菜对土质要求不严格，质地较差的土壤，通过深耕、增施肥料等良好的耕作栽培技术，也能获得高产。对土壤酸碱度要求不严格，在 pH 5～8 都可以适应，弱酸性或中性最为有利，这是我国南方地区大多数酸性水田土壤，油菜快速发展的重要基础条件。

油菜也能忍受盐碱环境，在含盐量 0.2%～0.26% 的土壤上能正常生长。土壤通气性好与差，对油菜生长发育影响很大，油菜最忌土壤僵板不透气，若土壤板结，播种时种子不能发芽，出土易烂种，幼苗期植株易发生僵化死苗，移栽时不易发新根，幼苗生长缓慢甚至死亡。

（二）翻耕施肥

1. 整地

前茬作物收获后，土壤墒情适宜时，用拖拉机深耕 20～25 cm，将秸秆深埋土中，炕土晒垡，尤其是前茬水稻田，水分散失慢，切忌湿耕湿整。

如果遭遇秋季连阴雨，或前茬水稻收获迟，影响翻耕整地，可采取旋耕整地，先施肥，后旋耕两遍，第二遍时开沟定厢，厢面宽 200 cm 为宜。

2. 施肥

（1）油菜的需肥特性　据研究，油菜对氮、磷、钾的需要量比稻、麦作物多，长江流域甘蓝型油菜，亩产油菜籽 150～200 kg，每生产 100 kg 油菜籽需吸收纯氮 8～11 kg、五氧化二磷 3～5 kg、氧化钾 8.5～12.8 kg，比例为 1：（0.4～0.5）：1。

氮素　油菜各器官的形成和发育，细胞内原生质、叶绿素和某些维生素等物质的形成都离不开氮素。油菜的一生都需要氮素营养，油菜抽薹前叶片的氮素含量最高，开花期茎成为氮素代谢中心的过渡器官，开花后角果成为氮素代谢的最主要器官。缺氮时植株矮小，叶片瘦小，分枝少，角果数、籽粒数、籽粒重减少，花期缩短，产量降低。抽薹至初花是需氮临界期，此时缺氮，对油菜生长影响最大。氮素过多会增加油菜籽的蛋白质含量，但会降低油菜籽的含油量。

磷素　磷能增强细胞质的黏性和弹性，促进根系发育，增强油菜抗寒、抗旱能力，并能促进种子早熟，提高菜籽油含量。油菜是对磷素较为敏感的作物，要求土壤速效磷含量在10～15 mg/kg，小于5 mg/kg土则出现明显缺磷症状。缺磷植株根系小，叶片小而厚，茎秆细，分枝少，花芽分化迟缓，开花推迟，甚至花序发育不良。油菜根系能分泌大量有机酸溶解难溶性磷。

钾素　钾素能有效提高纤维素的含量，促进植物体机械组织的发展，增强抗倒性和抗病性。钾还能提高细胞液浓度和渗透压，增强抗寒性。当土壤速效钾低于50 mg/kg土时，必须增施钾肥。油菜缺钾时幼苗呈匍匐状，叶片叶肉部分出现“烫伤状”，叶面凸凹不平，导致叶片弯曲呈弓状，松脆易折和焦枯脱落；茎枝细小，机械组织不发达，易折断倒伏。

硫素　油菜对硫的吸收仅次于氮钾而接近或略大于磷。严重缺硫时植株矮小，只有正常大小的一半，茎变短并趋向木质化。施用含硫肥料，特别是后期供硫充足可促进植株开花结果及籽粒饱满度，有利于提高油菜籽产量和含油量。过量施硫则明显提高蛋白质和硫苷含量。氮硫配合对提高油菜籽产量和含油量有显著作用。

硼素　硼能促进植株对磷的吸收和分配，对叶绿素的形成和稳定性都有良好的作用；硼影响核酸代谢以及生长素的合成和转运，对分生组织有很大的影响；硼是花粉生殖细胞的分化，子房和胚珠的发育、分化、受精过程，胚芽和胚乳发育等必需的元素。油菜花器官发育对硼极敏感，初花至成熟的吸收硼量占总量的87%左右。土壤水溶性硼含量在0.3 mg/L以下为严重缺硼，缺硼严重时出现大量“花而不实”现象，或花瓣枯干皱缩，不能开花，减产严重。

(2) 油菜各生育期需肥　油菜在不同生育时期对氮磷钾三要素的需要量不同，苗期约历经100天，积累干物重虽只有20%，但吸收三要素的量却相对较多；蕾薹期是吸肥最多的时期（特别钾元素），也是吸肥强度最大的时期；开花结角期积累干物质最多，除对磷的吸收强度明显较大外，氮和钾的吸收量相对较少。

3. 用地与养地

油菜是用地养地作物，生长过程中需肥较多，不但要吸收氮、磷、钾大量营养元素，而且对硼素敏感，对硫素的吸收量也很多。

油菜又是养地作物，生产过程中，通过落叶、落花、茎秆粉碎还田，加上菜籽饼回田，大约相当于施肥量的80%养分归还于土壤，保持土壤养分平衡。

（三）适期播种

播种期是确定油菜产量和选择田间管理方式的最主要因素，同时也是决定田块种植模式实现周年高效生产的重要因素。

1. 播种期

长江流域冬油菜的播种时期弹性比较大，但具体到不同的种植模式和栽培方式，则适宜的播种期较窄。湖北省油菜产区的播种范围在8月下旬至10月下旬。

（1）依据种植区域定播期　山区秋季气温下降比较早，宜在8月中下旬播种；江汉平原及丘陵地区，宜在9月下旬播种；鄂北岗地两熟制地区，前茬作物收获迟，宜在9月下旬至10月上旬播种。

（2）依据种植方式定播期　旱地两熟制地区，前茬芝麻、玉米、豆类等成熟收获腾茬早的地块，油菜宜在9月上中旬播种；水田两熟制地区，与中稻连作的，宜在9月下旬至10月上旬播种；与一季晚稻或双季晚稻连作的，宜在10月中下旬播种。

2. 播种量

根据不同的播种方式、土壤质地、墒情确定播种量。

（1）依据播种方式定用种量　机械条播方式，播种均匀，每亩用种量300 g为宜；飞机播种、人工撒播每亩用种量500 g为宜。

（2）依据土壤质地定用种量　沙壤土整地质量比较好，每亩用种量300 g；土质黏重、土垡大、墒情差的每亩用种量500～600 g。

（3）依据品种特性定用种量　杂交油菜品种植株生长势强，分枝较多，每亩用种量300 g左右为宜；常规油菜品种植株较矮，分枝数少，单株生产潜力较小的，每亩用种量500 g左右。

三、田间管理

油菜播种后，就要搞好草害、病虫害、冻害、渍害的预防，因苗调控等田间管理。

（一）化学除草

油菜田草害是影响高产的因素之一，尤其是直播种植田块，杂草种类多、数量大、危害重。

1. 播前除草

翻耕整地前或油菜播种前 10～15 天，选用灭生性除草剂，杀灭田块内所有杂草。每亩用 10%的草甘膦水剂 500～600 mL，兑水 50 kg 进行喷雾，防除田间杂草。

2. 苗前除草

油菜播种后，随即用触杀性除草剂，喷施在土壤表面，以形成一层药膜，待杂草萌发出苗接触到药膜即可被杀死。可选用 15%精稳杀得乳油 50 mL 或高效盖草能乳油 30 mL、90%禾耐斯乳油 45～60 mL，均兑水 40～50 kg，均匀喷雾于土表，防治新生杂草。

3. 苗期除草

油菜苗期除草，应选用选择性除草剂，如以禾本科杂草为主的田块，应掌握在杂草 3 叶期左右，每亩选用 10.8%高效盖草能乳油 20～25 mL 或 6.9%威霸乳油 30 mL、12.5%拿捕净机油乳剂 80～100 mL、10%禾草克乳油 50～70 mL、15%精稳杀得乳油 45～60 mL；以繁缕等阔叶杂草为主的田块，每亩可选用 30%好实多乳油 50 mL 或高特克 25～30 mL；单、双子叶杂草混生的田块，可在油菜苗 5 叶期，选用 17.5%快刀乳油 100～120 mL、14%双锄乳油 100～120 mL、17.5%油草双克 60～75 mL，以上除草剂均兑水 40～50 kg 喷雾于杂草茎叶上。

（二）培育壮苗

1. 防旱防渍

油菜出苗期，常会遇到干旱或连阴雨天气，根据天气预报，及时搞好抗旱或排渍管理。

（1）浇水抗旱　9月中下旬至10月上旬，正是秋高气爽，降雨较少时段，要根据土壤墒情，进行浇水抗旱保苗。可采取顺厢沟窜灌浇水，不能淹没厢面，随灌随排。

（2）防涝排渍　秋季遇到连阴雨天气，要及时清理田间厢沟、腰沟和围沟，达到沟直底平，雨注田间无渍水，同时搞好田外排水渠的清挖，确保排水畅通。

2. 合理密植

根据品种特性、土壤肥力、当地气候特点、耕作制度、病害发生情况等因素综合考虑，在大田单位面积上种植保留适宜的株数。

（1）移栽油菜　计划亩产油菜籽 200～250 kg，收获密度依据肥力水平而定，肥力水平高的每亩 1.0 万株左右；中等肥力水平每亩 1.3 万株左右；肥力水平低的每亩 1.5 万株左右。

（2）直播油菜　油菜直播种植，是现今推广的一种轻简化栽培技术，播种量较大、田间苗数多是普遍现象。要夺取高产，必须做到早间苗、定苗，合理密植，培育壮苗是关键。一般亩产油菜籽 200～250 kg，高肥力田块，个体健壮，单株生产力比较高，每亩可留苗 1.5 万株；中等肥力田块，要发挥个体与群体相结合的优势，挖掘高产潜力，每亩留苗 2.0 万株左右；肥力水平低的田块，植株个体优势差，靠群体取胜，每亩留苗 2.5 万株左右。

3. 因苗调控

（1）看苗追肥　油菜生育期长，历经秋、冬、春三个季节，200 多天生长发育时期，苗情变化比较大，因此，在油菜重要的生长转折时期，做到看苗、看地、看天分期施好追肥，培育早发壮苗。

1）早施苗肥　苗期是生长叶片的重要时期，此期为氮素代谢的高峰期，需要量较多，容易缺乏。一般在底肥较充足的情况下，长江流域冬油菜产区，在油菜苗 6 片真叶期，看苗追施苗肥，每亩施尿素 3～4 kg。

2）稳施薹肥　油菜开始现蕾抽薹时，若叶色淡黄或发紫，甚至全株带紫色，薹茎细的宜早施、多施。通常在 1 月中下旬施用，每亩施尿素 7～8 kg。对生长健壮、叶色青绿的可少施、迟施，一般在 1 月下旬至 2 月上旬施肥，每亩施复合肥 5～6 kg。薹肥可增加越冬绿叶数、一次分枝数、角果数，增产效果明显。

3）巧施花荚肥　对植株个体与群体长势差、花期尚未封行，叶色淡绿或发黄的油菜地，可在开花初期，每亩追施3～4 kg尿素；对长势比较正常的油菜田，每亩用0.2%硼砂+0.3%的磷酸二氢钾兑水40 kg，若用无人机可兑水5 kg均匀喷雾。可提高授粉结实率，增角、增粒、增粒重，促进增产和提高品质。

（2）化学调控　油菜化学调控技术比较成熟，在苗期或蕾薹期，喷施多效唑或烯效唑控制旺长、培育壮苗及防止早薹早花。

1）苗期调控　在油菜苗生长到4～5片叶，每亩用15%多效唑粉剂50 g或20%烯效唑40 g兑水30～40 kg喷雾，可有效控制高脚苗，培育矮壮苗。注意均匀喷施，切忌重喷。

2）蕾薹期调控　对播种偏早、秋冬季雨水适宜、生长旺盛的油菜田，可在12月，每亩用15%多效唑25 g或5%烯效唑20 g兑水40 kg均匀喷雾，可抑制基部茎节长度，增加茎秆粗度，增强抗寒能力。

（三）防治病虫害

1. 油菜病害

现已发现油菜病害有30多种，其中生产上常发生的主要有菌核病、病毒病、霜霉病等，尤其是菌核病，发生普遍，危害严重，是当前油菜生产中一个突出问题。

（1）菌核病　油菜菌核病是一种世界性的病害。在欧洲油菜发病较重，一般产量损失5%～10%，严重时可达50%。我国所有油菜产区均有发生，以长江流域和东南沿海地区最为严重，一般年份发病率为10%～30%，流行年份严重田块可高达80%以上，产量损失5%～30%。

1）发病症状　该病自油菜苗期到近成熟期均可发生，以终花期以后发病最盛。病菌能侵染油菜地上各个部位，尤以茎秆发病受害后造成的损失最重。

①苗期受害后，染病植株首先在接近地面的根茎与叶柄上形成红褐色斑点，后转为白色，病斑绕茎后，病组织变软腐烂，长出大量白色絮状菌丝，后期长出黑色菌核，幼苗死亡。

②成株期受害，茎、叶、花、角果及种子均可感病，以茎部受害最重。茎与分枝发病，初呈水渍状，浅褐色，椭圆形，后发展成长椭圆形、菱形、

长条形绕茎大斑，稍凹陷，中部白色，边缘褐色。湿度大时病部软腐，表面生出白色絮状霉层（菌丝体），后变为灰白色，边缘深褐色。组织腐烂，髓部消解，皮层破裂，维管束外露呈纤维状，病茎遇风易折。剖视病茎，可见黑色鼠粪状颗粒，即病菌的病核。

③叶片发病，多自植株下部的老叶开始，初为暗青色水渍状斑块，后扩展为圆形或不规则形大斑，灰褐色或黄色，有2～3种不同颜色轮层，中央黄褐或灰褐色，中层暗青色，外围淡黄色。潮湿时病斑迅速扩展，全叶腐烂，上面生出白色菌丝，干燥时病斑破裂穿孔。

④花瓣感病，产生水渍状暗褐色无光泽小点，后整个花瓣为暗黄色，水渍状，容易散落。潮湿时可长出白色菌丝，迅速腐烂。散落到其他部位或临近植株的病花瓣可进一步引起新的危害。

⑤角果发病，初期形成水渍状褐色斑，后变白色，边缘褐色。潮湿时全果变白腐烂，长有白色菌丝，后形成黑色菌核。

⑥种子发病，表面粗糙，无光泽，灰白色，皱秕，出油率降低。

2）病原　病原属子囊菌门核盘菌属核盘菌。菌核黑色，鼠粪状或球形、不规则形，成熟菌核外皮黑色，髓部粉色至米黄色，为疏丝组织组成。在老熟的营养菌丝上或菌核的子囊盘原基突破表皮萌发时，可产生小分生孢子。分生孢子圆形，无色，呈链状，在病害循环中不起作用。

温度为5～30 ℃时均可形成菌核，适宜温度为15～25 ℃。菌核萌发产生子囊盘柄的适宜温度为10～20 ℃，产生子囊盘最适温度为15～18 ℃；子囊孢子发芽的温度范围为5～30 ℃，最适5～10 ℃。

此菌能寄生64科225属的396种植物，以十字花科、菊科、豆科、茄科、伞形科和蔷薇科植物为主，在我国该菌自然寄主有36科214种植物，其中除油菜外，还有向日葵、大豆、花生等。

3）防治技术　油菜菌核病的防治，应以农业措施为主，药剂防治为辅的综合防治策略。

①选用抗病品种　在甘蓝型油菜中以分枝部位稍高，分枝角度较小的品种抗病性强。生产上可因地制宜选用适合当地种植的抗病品种。

②农业防治　采取合理轮作，科学施肥，中耕培土，清沟排渍，摘除老叶等方法，均可有效降低病菌浸染概率，减轻病害发生。

③药剂防治　重点对长势好的油菜田块，在油菜开花期，叶病株率达到10%左右，茎病株率在1%以上为宜。可选用40%菌核净、50%多菌灵、50%异菌脲、40%灭病威、70%甲基硫菌灵、50%速克灵、50%氯硝铵和50%扑海因等。选晴天，露水干后，采用无人机喷药，喷药一般间隔7～10天1次，根据田间病情，可喷施2～3次。

（2）油菜病毒病　油菜病毒病又称花叶病，是油菜的重要病害。全国各油菜产地均有发生，一般流行年份，产量损失在10%左右，重病区流行年份产量损失可达20%～30%。早期感染的病株，可导致严重矮化，不能抽薹，或抽薹后不能正常结荚，或结荚稀少，且籽粒皱秕，无光泽，影响品质。

1）症状　油菜病毒病的症状表现因油菜品种类型和毒源种类不相同，以及感病早迟有很大差异。甘蓝型油菜不同生育时期感病症状：

①苗期受害。主要表现有黄斑型和枯斑型两种症状。枯斑在老龄叶上出现，然后向新生叶发展，主要为点状枯斑和黄色斑块。枯斑常伴随叶脉坏死，有时候叶片皱缩畸形。

②抽薹期感病。新生叶片多出现系统性褪绿，小斑点、圆斑点较多，看上去呈“花叶”状，严重时叶片皱缩。

③成株期感病。植株茎秆上的症状主要表现为条斑。病斑初为褐色至黑褐色梭形斑，后逐渐纵向发展成条形枯斑，病斑相互愈合连接后常导致植株半边或全株枯死，后期病斑纵裂。

④抽薹后感病。在叶柄、叶脉、花薹和荚上也可表现褐色条斑，荚常扭曲，叶片早枯脱落，病株易死亡。

2）病原　油菜病毒源种类较多，主要毒源有4种：芜菁花叶病毒、黄瓜花叶病毒、烟草花叶病毒和油菜花叶病毒，其中以芜菁花叶病毒为主。

3）发病因素　油菜病毒病的发生危害与油菜类型和品种的抗病性、蚜虫发生数量和迁飞频率以及毒源植物和气象因素等关系密切。带毒蚜虫吸毒传毒是导致油菜病毒病发生流行的关键因素，尤其是桃蚜、萝卜蚜和甘蓝蚜发生危害重时，在田间迁飞频率高，反复吸毒传播，从而导致病毒病的发生流行。

①油菜品种类型。不同油菜类型和同一类型不同品种，病毒病的发生危害表现有明显差异。通常甘蓝型油菜较白菜型和芥菜型油菜抗性较好，一般

表现为抗病，部分品种表现高抗。

②蚜虫数量与迁飞。带毒蚜虫吸毒传毒是导致油菜病毒病发生流行的关键因素。毒源植物上蚜虫数量多，带毒率高，在油菜苗期，带毒蚜虫迁飞到油菜苗上传毒，造成苗期发病，田间蚜虫发生数量多，尤其是桃蚜、萝卜蚜和甘蓝蚜发生危害重时，在田间迁飞频率高，反复吸毒传播，从而导致病毒病的发生流行。

③油菜播种期。一般早播油菜发病重，迟播发病轻。播种越早，毒源植物上的带毒蚜虫往油菜上迁飞的时间也相应早些，传毒吸毒的频率亦相应高，因此发病重。

4）防治措施

①选用抗病品种。一般甘蓝型油菜品种抗性较强，选用双低优质油菜品种。

②适期播种。因地制宜适期播种，既防病，又不影响油菜与前后茬作物的种植。重病区干旱年份切忌早播，应掌握在 9 月下旬至 10 月上旬为宜。

③治蚜防病。选用 50％灭蚜净和功夫等；根据有翅蚜对某些颜色的忌避或趋性，可在油菜田插黄色诱蚜板，诱集迁飞蚜虫。

2. 防治虫害

(1) 菜蚜　危害油菜的菜蚜主要有甘蓝蚜、桃蚜、萝卜蚜，属同翅目蚜虫科。蚜虫寄主多，桃蚜的寄主全世界已记录的有 350 余种，除危害十字花科蔬菜外，还危害菠菜，茄科的马铃薯、茄子、番茄，藜科、蔷薇科植物；萝卜蚜的寄主已知有 30 余种，除十字花科外，也可危害莴苣。

1）危害特点　蚜虫对油菜的危害可分为直接和间接为害。菜蚜成虫和若虫常群集在叶背及心叶，刺吸汁液，造成受害叶片褪绿、变黄、萎蔫、卷缩；嫩茎和花梗受害，多呈畸形，影响抽薹、开花和结实。间接危害是其排泄物（蜜露）可诱发霉污病的发生，影响叶片的光合作用，更重要的还能传播多种十字花科蔬菜病毒病。

2）防治技术　在秋苗 5 叶期前，或抽薹开花初期，每亩可选用 10％吡虫啉可湿性粉剂 20 g 或 50％抗蚜威可湿性粉剂 25 g、25％吡嗪酮可湿性粉剂 15 g、10％大功臣可湿性粉剂 10 g、1.8％阿维菌素乳油、5％氯氰菊酯乳油、2.5％溴氰菊酯乳油 25 mL，兑水喷雾。

（2）小菜蛾　小菜蛾属鳞翅目菜蛾科，世界性害虫，主要危害甘蓝、油菜、萝卜等十字花科植物。我国各地都有分布，以长江中、下游各省危害严重。

1）危害特点　初龄幼虫潜入叶片上下表皮间，仅取食叶肉，留下表皮，在菜叶上形成一个个透明的斑，俗称“开天窗”；3～4 龄幼虫可将菜叶食成孔洞和缺刻，严重时可将全叶吃光，仅留主脉。

2）防治技术　①农业防治，避免十字花科作物周年连作；油菜收获后及时处理残株败叶消灭大量虫源；耕翻土地，可消灭一部分在表土或枯叶残株内的越冬幼虫，减少虫源；适当灌水，增大田间湿度，抑制害虫，促进菜苗生长。②物理防治，针对小菜蛾趋光性，在成虫发生期，可放置黑光灯诱杀，杀虫灯放置要高出油菜苗 30 cm；每块田设置 2～3 个小菜蛾性诱剂盆，诱杀成虫。③药剂防治，抓住卵孵化盛期或 2 龄幼虫发生期施药，并注意轮换交替用药，或用复配农药。可选用杀螟杆菌（每克含活孢子 100 亿个以上）、青虫菌或 Bt 乳剂等生物农药制剂 500～800 倍液喷雾；1.8%阿维菌素 2 000 倍液或阿维菌素和苏云金杆菌的复配制剂、甲维盐类水分散粒剂、5%氟虫脲或 5%啶虫隆 1 500 倍液或 5%氟虫腈、10%虫螨腈悬浮剂 2 000 倍液、25%灭幼脲或 20%杀铃脲悬浮乳剂 800 倍液、10%氯氰菊酯类 2 000 倍液常规喷雾。

（3）菜粉蝶　又名菜青虫，属鳞翅目粉蝶科，为世界性害虫。已知寄主植物有 9 科 35 种，嗜食十字花科植物，特别偏爱厚叶片的油菜、甘蓝等。

1）危害特点　初龄幼虫仅食叶肉，被害叶片出现透明小孔，2 龄以后分散危害，将叶片吃成网状或缺刻；严重危害时，叶片几乎被吃尽，仅留较粗的叶脉和叶柄；幼虫排出粪便污染菜叶，影响蔬菜品质；危害造成伤口还有利于软腐病病菌的侵入，引起病害的流行。

2）防治技术　①农业防治；②生物防治，第一代菜粉蝶卵高峰释放赤眼蜂 2～3 次，第二、三代可采用长效蜂卡和田间笼放蜂；③药剂防治，可选用每毫升含活孢子 100 亿个以上的 Bt 制剂 800～1 000 倍液喷雾，施用时间比化学农药提前 2 天左右。施药适期一般掌握在卵高峰后 7 天左右，或 2 龄幼虫高峰期；常用化学农药每亩可用 2.3%高渗苦参碱水剂 50 mL、1.8%阿维菌素乳油 25 mL、20%灭幼脲 1 号、25%灭幼脲 3 号乳油 50 mL、10%氯氰菊酯、20%杀灭菊酯乳油 25 mL 等加水喷雾。

（四）防抗灾害

1. 防抗冻害

（1）油菜冻害特点　油菜冻害主要发生在越冬期间，以及早春遇到强寒潮低温。当气温降至－5～－3 ℃时，油菜就会遭受冻害，－8～－7 ℃受害较重。冬性强的品种能抗（耐）－10 ℃以下的低温。秋末至冬季低温大风加上土壤干旱会加重冻害。

油菜冻害包括叶片、蕾薹、茎秆、幼果。叶片受冻害的症状是冻后叶片僵硬。在－3～5 ℃的低温条件下，叶细胞间隙和细胞内自由水结冰，细胞组织受到伤害，细胞因失水导致叶片脆而易折。当气温升高时冰粒消融，叶片复原。这种冻融交替频繁时叶尖、叶边开始焦枯。若遇持续低温会导致细胞间隙内水分结冰，使叶片组织受冻死亡；早春寒潮期间气温下降，叶片下表皮生长受阻，其余部分继续生长，导致叶片呈现凸凹不平的皱缩现象。现蕾抽薹期，抗寒力最弱，只要温度低于 0 ℃以下时，就会出现冻害。薹受冻之初呈水烫状，嫩薹弯曲下垂，茎部表面破裂。冻害严重时，即使能开花，也会造成结实不良，特别是主花序出现分段结实现象。根部冻害在苗期表现为根拔现象。根拔是指弱小苗或扎根不深的油菜苗，若突遇夜间温度降至－7～－5 ℃，土壤结冰膨胀，幼苗根系被抬起；白天气温回升，冻土融解体积变小，下沉幼苗根系被扯断外露的现象。出现根拔的幼苗，若遇冷风日晒，则会大量死苗。一般直播田块的根拔现象较为突出。

（2）油菜防冻技术　生产上应针对冻害产生的原因，采取综合性的防冻措施。①选用抗寒性强的品种，适当适时早播，壮苗早发提高抗寒耐冻能力；②灌水增加湿度，可缩小土壤昼夜温差，改善田间小气候，缓和低温伤害，防止干冻死苗。越冬期，根据土壤墒情及天气预报，及时浇水，随浇随排，确保田间不积水。③追肥促苗，对弱苗增施化肥和有机肥，提高地温促苗生长。④摘除早薹，对越冬期间出现的早薹，达到 15 cm 左右，要选晴天摘去上部 8 cm 左右，既可减轻冻害，又能促进分枝早生快发，还可作蔬菜食用。

2. 防抗倒伏

（1）形成特点　油菜倒伏常发生在终花后至角果大小基本定型阶段，特别在遇到大雨大风等天气时，密度过大，长势较旺，排水不畅或菌核病发生较重的田块易发生倒伏。倒伏的植株输导系统受损，营养物质不能正常运输；压在下层的角果接受阳光大大减少，光合作用减弱；田间通风透光差，相对湿度增大，易引发霉烂，加剧菌核病的发生和蔓延。

（2）防抗技术　防止或减轻倒伏宜采取综合措施。①选用株型紧凑、中高秆、茎秆粗壮抗倒性强的品种；②合理密植，直播种植，土地肥沃的地块每亩1.5万株左右，中等肥力2.0万株，肥力较差的2.5万株左右；③因苗科学调控，测土配方施肥，看苗情长势适时适量追肥，苗期喷施多效唑调控基部茎秆旺长；④开好田间三沟，防涝排渍，促进根系生长。

3. 防高温逼熟

（1）形成特点　长江中、下游地区，一般在4月上旬平均气温10 ℃左右时油菜始花，4月中旬以后常有大于30 ℃的高温出现，气温超过生长发育的需求，养分向籽粒转运受阻而造成逼熟现象，不仅使籽粒灌浆不足，千粒重下降，而且也大大降低含油量。

（2）防抗技术　①优选品种，选择适宜当地种植的中熟品种；②适期早播，使生长发育适期，尽量避开后期高温天气，在适温期间灌浆；③根外喷肥，可在高温来临之际，使用无人机喷施磷酸二氢钾等，提高抗耐高温能力，减轻危害。

（五）适期收获

1. 油菜开花成熟过程

油菜为无限花序，边生长、边开花、边结荚，群体花期达30天左右，长的可达40天以上。一般主茎花轴开花最早，接着是各级一次分枝开花、二次分枝开花，在一个枝上是基部花序花蕾先开花，依次向上推移开花。

油菜成熟过程，一般可分为绿熟期、黄熟期和完熟期。

（1）绿熟期　主轴上的角果80%以上呈黄绿色，一次分枝上90%左右的角果仍为绿色。此期种皮同角果的色泽基本一致，此时种子含水量较高，种子的灌浆过程没有完成，若收获晒干脱粒，绝大部分的种皮呈现红色皱缩，瘪粒多，千粒重低，含油量也低。

（2）黄熟期　主轴上的角果呈现枇杷样的黄色，一次分枝上70%左右的角果呈黄绿色，仅在基部和少数二次分枝上的角果为绿色。此时若收获，一部分种子仍为红褐色，千粒重和含油量均未达到最高水平。

(3) 完熟期 全田90%以上的角果呈现黄色，10%以下的角果为枇杷黄绿，绝大部分失去光泽，一些易落粒的品种，主轴中下部角果在气温较高的中午，触之或风力摇摆中易裂角落粒，千粒重与含油量已达到最高水平，超过了完熟期，籽粒的含油量又开始下降。

2. 适时收获

油菜籽的收获适期，一般是在油菜终花后 25～30 天。此时油菜达八成熟，种子的重量和油分的含量接近最高值。因此油菜产区有“八成熟，十成收；十成熟，两成丢”；“角果枇杷黄，收割正适当”经验。此时大田植株约 2/3 的角果呈现黄绿至黄色，主花序基部角果开始转现枇杷黄色；分枝上尚有 1/3 的黄绿色角果，并富有光泽，只有分枝上部尚有部分绿色角果，故称“半青半黄”期；大多数角果内种皮已由淡绿色转现黄白色，颗粒肥大饱满，种子表现出本品种固有光泽；主茎和分枝叶片几乎全部干枯脱落，茎秆也变为黄色。

若以种子色泽的变化，作为适宜收获期的标准，可摘取主轴中部和上、中部一次分枝中部角果 10 个，剥开观察籽粒色泽，若褐色、半褐色粒各半，则为适宜的收获期。

在一天中的适宜收获时间，以早上或傍晚收割为佳，此时气温低、湿度大、不易裂荚落粒；阴天全天收割。农谚称为“要不丢，早晚收”“上白中黄下绿，收割不能过午”。

3. 收割方法

随着农业机械化的发展，平原丘陵地区的油菜已实现了机械收获，与人工收割相比，收获效率高，秸秆可粉碎还田，以利于后茬作物早腾田耕种。

(1) 机械收获 油菜机收有两种方式：①一次性收割，对植株密度较大，成熟度比较一致的田块，宜实行一次性机收；②对成熟度不够一致的田块，可采取分段机收，即先把油菜植株割倒，晾晒后熟 2～3 天，再行机收，可提高收获率达 95%以上。并且有利于种子后熟，刚收获的油菜籽需要经过一个从收获成熟到生理成熟的过程。收割的油菜植株，中部的营养物质仍可继续向角果运送，同时种子仍然进行着大量的合成作用和胚的发育，籽粒内部简单物质也逐渐转变为复杂的高分子物质。因而后熟作用有利于提高油菜籽的千粒重改善油菜籽品质，提高油菜籽出油率0.5～1.0个百分点。完成后熟作用的油菜种子内的酶类，转变为结合的休眠状态，从而有利于油菜籽安全储藏；后熟还有利于菜籽制油蒸炒操作，制取的毛油色泽淡、酸价低，脱磷操作顺利。

(2) 人工收获　边远地区、山区不能实行机收的地方，仍然采取人工收获方式。收获过程应做到"割茬低、不带土、割整齐、不掉粒"，轻割、轻放，后茬作物播种季节不紧张的地方，可将收割的植株，放在田间油菜根茬上棚架晾晒2～3天，然后在田间铺上塑料布脱粒；等着腾田播种后季作物的，收割时打捆，运出田外，做到轻捆、轻搬，尽量减少落粒损失。

第四节　油菜籽储藏与加工技术

一、油菜籽储藏

油菜籽种皮较薄，组织疏松，且籽粒细小，表面积大，在入库及仓储过程中极易吸水潮解，在不适宜的温度和水分条件下储藏，容易出现结块、霉变现象。油菜籽发热霉变后，对出油率会有不同程度的影响：如籽粒表面有白霉点，擦去霉点皮色正常的或皮色变白、肉色保持淡黄的，不影响出油率；皮色变白，肉质变红，有腐酸味的，出油率下降；结块发酵有酒味的，严重影响出油率；皮壳破烂，肉质呈白粉状的，则不出油。

1. 严格控制含水量

油菜籽的含水量，在GB/T 11762—2006《油菜籽》中明确规定，水分作为控制油菜籽加工、运输、储藏安全的重要指标，需要严格控制在8.0%以下。油菜籽安全储藏的含水量在8%以下，若水分超过8%～9%时，少数干生霉菌就会发生繁殖，逐渐造成种子霉变。如果把含水量为7%～8%的油菜籽堆放在密封条件不好的仓库内，在湿度较高的情况下，油菜籽的含水量只需7～8 h就会升到19%。如果油菜籽含水量在13%以上时，可在一夜之间全部霉变，籽粒表面变成灰白，温度能突升 10 ℃以上，但开始并无明显现象。因此，要及时检查库存油菜籽的水分状况。

简单易行检验油菜籽含水量是否达到安全贮存标准的方法：一是抓一把油菜籽平摊在桌面上，用瓦片重压，有脆响声；二是手抓一把油菜籽，籽粒可从拳头两端或手指缝中向外流出；三是手搓油菜籽发出沙沙的响声，表明油菜籽干燥状态良好。如空气相对湿度在 85%以上，油菜籽很快吸湿潮解，含水量上升到 10%以上，因此阴雨天不能进行油菜籽入库。

在仓储期间，应勤检查与开仓换气，可把潮湿空气排出仓外，让干燥空气进入。但仓外相对湿度大于仓内时，不能开仓换气。一般刚入库收藏的油菜籽在 3～5 天内检查一次，以后每隔 10 天检查一次通风情况。如发现含水量升高，要及时采取措施进行晾晒。当水分下降到规定标准后，应注意密闭良好，以防油菜籽吸湿。

2. 严防发热霉变

温度越高，油菜籽呼吸作用越强，有机物质的消耗越大，油菜籽品质下降越快。应通过控制温度将油菜籽的呼吸控制在极微弱的范围内，既能维持起码的生命机能，保持其正常机体不受病菌侵害，又能将其消耗降至最低限度，使油菜籽处于休眠状态，达到保持油菜籽品质的效果。

储藏前应充分降温，以防油菜籽堆内温度过高，发生“干烧”现象而造成损失。刚经烈日晒过的油菜籽大量入库，由于库房密封条件好，入库后立即关闭仓门，油菜籽温度高于仓内气温，温差较大，由种子散发出的热蒸汽遇冷后易在种堆表面形成雾滴，使油菜籽堆内局部积聚水分，发热变质。热油菜籽入库后要待种子充分冷却后再关闭仓门。一般结合风选，充分降温散湿，同时可清除尘埃杂质及病菌等，增强储藏稳定性。

在良好的通气条件下，高温会使油菜籽呼吸作用加快，大堆存放的种子堆内极易发热，最高温度可达 70～80 ℃，因此库房应密封条件好。温度夏季不宜超过 28～30 ℃，春、秋季不宜超过 13～15 ℃，冬季不宜超过 6～8 ℃，如温度高于仓温 3～5 ℃，就应采取措施通风，降温散湿。

我国冬油菜产区油菜籽收获脱粒后，恰遇夏季高温高湿季节，油菜籽的含水量容易升高，水分常在 20%以上，高的可达 50%左右，若含水量超过 12%时，就很容易在短期内发热霉变。可采用塑料薄膜密封加磷化铝熏蒸，即将湿油菜籽用塑料薄膜严密覆盖，四周用泥土压实封紧，不让透空气，每立方米投入磷化铝3～4片。这是应急措施，保存时间不可超过1周，抢晴天晾晒，防止继续发热。在启封时，膜内充满二氧化碳，严禁人员进入薄膜内，对人有窒息的危险。

3. 合理堆放

油菜籽入库必须按水分大小、品质好坏分别堆放。一般水分在8%以下，杂质不超过5%的适于长期储藏，可堆放1.5～2.0 m高，包装12包高。水分在10%～12%的菜籽，散装1 m高，包装6～8包高，并且只能短期储藏。水分12%以上的油菜籽应抓紧处理，否则随时都可能发热霉变。同时应合理堆放，严格检查。散装菜籽，堆垛下应铺垫圆木、木板和芦席，使堆放菜籽与地面隔离，堆垛与墙壁也应隔离50 cm。袋装储藏，应堆成“工”字形或“井”字形，利于通风透气。

二、油菜籽的加工技术

（一）技术背景

油菜是我国主要的和最具发展潜力的油料作物，我国油菜常年种植面积约1.1亿亩，年产菜籽油450万t左右，是我国第一大国产食用植物油来源。与其他食用植物油相比，优质菜籽油饱和脂肪酸的含量最低、不饱和脂肪酸含量最高，且不饱和脂肪酸成分全面、多不饱和脂肪酸组成最为合理，菜籽中富含的脂质伴随物及天然活性物质如植物多酚、维生素E、甾醇、β-胡萝卜素、角鲨烯等也对人体的健康具有重要的功能，是大宗健康的食用油。

针对我国油菜产业存在优质不优价、优质菜籽加工不出高品质油和高价值饼粕产品的难题。特别是产品加工方面，多年来以大型加工厂预榨→浸出生产色拉油（一级油）和高温浸出粕的技术为主，加工过程高温长时，过度加工，导致菜籽油中维生素E、植物甾醇、多酚等营养功能成分损失高达60%以上，还易产生苯并芘、反式脂肪酸等风险因子；饼粕蛋白质变性严重，有效氨基酸损失大，使蛋白质的生物效价显著降低，更难以进行精深加工利用，造成深层次的浪费，严重制约了油菜产业的高质量可持续发展。

为此，中国农业科学院油料作物研究所加工团队，基于微波物理场细胞反应器原理，开发出高品质菜籽油（7D功能型菜籽油）产地绿色高效制备技术与成套装备。该技术集合油料深度精选（1D）、微波提质生香（2D）、低温低残油压榨（3D）、低温绿色精炼（4D）、生香与风味控制（5D）、标准与质量控制（6D）和远程监控与管理（7D）七大关键技术，实现油菜籽的安全、营养、低耗、高效及高值化加工。

（二）技术先进性

7D功能型油菜籽工艺技术如图2-1所示。

菜籽精选 ⇨ 微波提质（5~7 min） ⇨ 低温压榨（<90 ℃） ⇨ 物理精炼（<40 ℃，0.5 h） ⇨ 功能型菜籽油

图 2-1 7D功能型油菜籽工艺技术

“7D功能型菜籽油”加工技术的先进性主要有以下几个方面：

1. 深度精选技术

基于原料形状、大小、密度等物化性质差异，集筛选、风选、磁选、去石和除尘等功能，高效分离非菜籽杂质，精选后油菜籽的杂质含量<0.1%。

2. 微波提质技术

耦合微波物理场与热风传热传质，能耗降低20%以上，实现油菜籽的高效调质、细胞微膨化、纯化内源酶和高效促进抗营养因子芥子酸（碱）生成高功能活性因子canolol（多酚化合物）。

3. 低温低残油压榨技术

集剪切锥圈、油渣自动清理和回榨机构一体的低温低残油榨油机，实现了油菜籽自动化低温高效压榨，压榨温度<90 ℃，菜籽饼残油<8.0%。

4. 低温绿色精炼技术

基于选择性物理吸附磷脂、游离脂肪酸等杂质，集机械强化搅拌、滤饼厚度自调节、滤渣自清理和滤饼重构等技术为一体，实现一步自动低温物理适度精炼，精炼温度≤45 ℃。

5. 生香与风味控制技术

基于微波物理场生香，促进美拉德反应，产生焙烤香味等愉快风味，避

免辛辣菜青味，使风味纯正浓郁，并全程低温实现提质留香。

6. 标准与质量控制技术

基于高品质菜籽和菜籽油的质量标准和生产技术规范，联用数字远传、无线传输和互联网云技术，实现 APP 远程产品质量和标准化管理。

7. 远程监控与管理技术

基于分布式系统控制原理，集传感器、PLC 工作站、中央服务器控制系统三层网络架构和物联网感知系统，实现生产的实时全面感知和监控。

7D 榨油与乡村土榨、全精炼制色拉油工艺技术对比（表 2-9）。

表 2-9　三种工艺技术性能对比

工序	菜籽油制备工艺			7D 技术先进性
	乡村土榨	7D 压榨	全精炼	
1	筛选	组合清理	筛选	集成筛选、去石、风选、磁选和通风除尘工艺于一体机，设备占地少，清理效率高
2	/		去石	
3	风选		风选	
4	/		磁选	
5	/		除尘	
6	/	/	轧胚	处理温度下降 12% 以上，处理时间减少 80% 以上，能耗降低 20%，蛋白变性程度低，无苯并芘产生
7	炒籽 150～160 ℃ 30～60 min	微波提质生香 130～135 ℃ 5～7 min	蒸炒 150～160 ℃ 30～60 min	
8	热榨 入榨温度≥130 ℃； 饼残油 10%～15%	低温压榨 入榨温度≤90 ℃； 饼残油≤8%	热榨 入榨温度≥130 ℃； 饼残油 10%～15%	入榨温度下降 40 ℃，压榨饼残油率降低 30%以上
9	水化脱胶	低温 物理精炼	水化脱胶	精炼温度≤45 ℃；同色拉油工艺相比营养成分保留率提高 2 倍以上，精炼损失率降低 60%以上，零排放；自动清渣过滤，劳动强度更低
10	/		碱炼脱酸	
11	/	/	白土脱色	
12	/	/	冬化脱蜡	
13	板框过滤	烛式过滤	板框过滤	
14	/	/	高温脱臭	
15	成品土榨油	7D 菜籽油	菜籽色拉油	具有“三高四好”的品质

续表 2-9

工序	菜籽油制备工艺			7D技术先进性
	乡村土榨	7D压榨	全精炼	
16	简易灌装	全自动灌装	全自动灌装	自动化程度高
17	无自动控制	产地自控耦合云端监控	本地自控	具有产地分散自控生产、远程集中管控的质量管理体系

资料来源：中国农业科学院油料作物研究所

7D工艺特点：

轻简　工序较色拉油减少50%以上，占地少，投资省。

绿色　物理压榨、精炼，无化学添加，无“三废”排放。

低耗　能耗降20%以上，成本减30%以上。

高效　产品得率高、自动化、模块化、生产质量稳定。

（三）产品质量

7D功能型菜籽油安全、营养，色、香、味形俱佳，康养作用高，具有“三高四好”的营养健康品质特征：

1. 不饱和脂肪酸高

达93%，其中人体必需的ω-3脂肪酸丰富，达9%～10%。

2. 脂类伴随物活性成分含量高

高功能活性因子canolol含量达800 mg/kg以上，是同类产品的2～8倍；富含维生素E，其中γ-维生素E为270 mg/kg，是同类产品的2～3倍；高含植物甾醇，菜籽油甾醇超过2 400 mg/kg，是同类产品的2～4倍。

3. ω-6/ω-3接近4∶1

符合WHO/FAO推荐的标准（1～6）∶1。

4. 安全性好

不产生反式脂肪酸，苯并（a）芘、生物毒素和重金属未检出。

5. 菜籽油风味好

具浓郁独特的坚果香味。

6. 色泽感官稳定性好

外观呈金黄透亮，氧化诱导期超过15 h，是同类产品的1.3～2.3倍。

7. 康养作用高

富含的脂类伴随物活性成分，对血脂异常、脂肪肝和慢性炎症等动脉粥样硬化风险因子具有积极的干预、调理作用。与同类产品相比，降脂活性提高 12%以上，抗炎活性增加 37%以上。

7D 菜籽油与乡村土榨菜籽油菜籽色拉油的营养品质比较（表 2-10）。

表 2-10　不同菜籽油营养品质指标对比

营养指标/（mg/kg）	7D 菜籽油（物理精炼）	7D 菜籽油（未精炼）	菜籽色拉油	总保留率/%
总酚	619	696	20.0	大于 90
多酚化合物	1 123	1 246	未检出	
维生素 E	518	529	195	
总甾醇	7 089	7 820	2 980	
β-胡萝卜素	5.8	6.6	1.3	
叶黄素	11.3	12.9	2.1	

资料来源：中国农业科学院油料作物研究所

（四）工程技术与推广应用

1. 工程技术经济指标

通过对本技术推广实施，可开发出的油菜籽加工的系列新产品，如 7D 功能型菜籽油等食用油和高品质菜籽饼粕，一方面降低能耗、炼耗和加工成本；另一方面提高产品附加值和市场竞争力，既为企业节约资金，又提高经济效益，从而提高我国油菜籽加工产业的综合竞争力和抗风险能力。目前，普通四级、一级菜籽油价格为 7 000～10 000 元/t，而采用本技术生产的 7D 功能型菜籽油色香味俱佳且富含活性功能成分，价格在 30 000 元以上，经济效益显著（表 2-11）。

2. 技术推广应用

7D 功能型菜籽油（高品质菜籽油）加工技术已实现了技术标准化、设备成套化、操作自动化、产品高值化和工程模块化，有加工能力为 2 t/天、5 t/天、10 t/天、20 t/天菜籽等系列成套装备，以及加工能力 1 t/天菜籽的紧凑型移动式榨油系统。目前，在湖北、江西、湖南、陕西、青海、四川和安徽等地建设生产线 30 个（截至 2020 年年底）（表 2-12）。

表 2-11 不同菜籽油制备技术消耗对比

指标	7D 功能型菜籽油制备技术	菜籽色拉油制备技术
能耗	≤380 kW·h/t 原料	≥550 kW·h/t 原料
溶剂消耗	无	0.8～1.2 kg/t
化学助剂	无	磷酸、氢氧化钠等
水耗	<10 kg/t	300～500 kg/t
废水排放	无	300～500 kg/t
油脚皂脚	无	30～40 kg/t
产品得率	压榨饼残油率<8% 精炼率>98.5%	饼残油率 10%～12% 精炼率 96%～97%

资料来源：中国农业科学院油料作物研究所

表 1-12 不同规格 7D 功能型菜籽油生产车间工程要求

加工规模/(t/天)	装机功率/kW	标准厂房面积/m^2	备注
5	108	672	交钥匙工程，包含从原料清理精选到成品油灌装整个工序。面积含原料库、饼库、成品库等功能区间。
10	207	768	
20	400	1 296	

资料来源：中国农业科学院油料作物研究所

湖南长沙 7D 菜籽油加工示范基地如图 2-2 所示。

图 2-2 湖南长沙 7D 菜籽油加工示范基地

湖北钟祥、松滋 7D 菜籽油加工示范基地如图 2-3 所示。

紧凑型移动式 7D 榨油系统如图 2-4 所示。

7D 功能型菜籽油绿色高效加工技术，实现了油菜籽的安全、营养、低耗、高效及高值化加工利用的跨越提升，技术成果还成功应用于芝麻、亚麻籽、花生和油莎豆等的产地绿色高效加工，开发出了高品质浓香食用油产品，

图 2-3　湖北钟祥、松滋 7D 菜籽油加工示范基地

图 2-4　紧凑型移动式 7D 榨油系统

但对于大豆、核桃、油茶籽和牡丹籽等油料的加工适用性正在进一步研究与拓展。7D 加工技术成果显著提高了油脂质量，同时大大改善了饼粕的质量品质，为菜籽等油料饼粕蛋白精深加工利用展现了广阔前景，将为油菜产业“三产”产地融合发展、企业增效、农民增收和乡村振兴战略实施发挥更大作用。

思考题

1. 世界油菜有哪些类型？发源地是哪里？
2. 甘蓝型油菜生长发育对环境条件有哪些要求？
3. 油菜优质高产栽培的主要技术有哪些？

第三章

现代花生绿色生产技术

花生为豆科蝶形花亚科合萌族柱花草亚族花生属，一年生草本植物。原名落花生，又名长生果、长果、番豆等，历史上曾有落地松、万寿果和千岁子等名称记载。花生是世界上重要的油料作物之一，是我国的四大油料作物。花生原产于南美洲热带、亚热带地区，从海平面之下到海拔 1 500 m 左右，各类地区都有花生属植物生长。在秘鲁利马省的古墓中曾发现花生种子，已是 2 500 年以前的遗物。

花生属于 C_3 植物，但其光合潜能却非常高，有的品种叶片的净光合强度，高达每小时每平方米干重 50 mg 二氧化碳，远远超过同一条件下的其他 C_3 植物。我国学者以花生的光合性能为主要依据进行了花生高产潜力估算，在花生生育期间各项外界条件俱佳，栽培管理措施科学得当，光合性能达到最佳的条件下，珍珠豆型品种在广东湛江地区的荚果产量潜力为 791.64 kg/亩，中熟大果型品种在山东鲁南地区的荚果产量可达 1 151.7 kg/亩，中熟大果型品种在山东胶东地区的荚果产量高达 1 330.18 kg/亩。

第一节　花生起源与生产概况

一、花生起源与传播

（一）花生起源

花生原产于南美洲，考古学家在南美洲大陆上曾经挖掘出许多有关古代即已存在花生的证据，尤其是在秘鲁沿海无雨地带的史前遗迹废墟中的证据更多。在巴西、阿根廷、玻利维亚等国，也有考古或花生近缘野生种的发现，并进一步确信花生至少有 3 000～3 500 年的栽培史。

（二）花生传播

国际上普遍认为花生的传播，是哥伦布为代表的欧洲航海家，经两条路线传播到世界其他地区：一条是由秘鲁沿太平洋东岸传入墨西哥，然后经商船传入菲律宾群岛，再传入中国、日本、东南亚地区，最后到达非洲东部；另一条是由巴西传到欧洲，再传入非洲西部。发现美洲大陆后，于 16 世纪初由美洲大陆把花生带回意大利国家。

1. 花生传入美国

美国在南北战争之前，弗吉尼亚州南部仅有小规模的花生种植，1870 年战争结束后，士兵们将花生从弗吉尼亚带回各自的家乡。特别是在棉铃虫大发生后，佐治亚州等地的许多棉花被花生所代替，而形成了目前美国南部的花生带，“弗吉尼亚型”花生的命名也源于此。

2. 花生传入中国

外国学者认为花生传入中国，是在哥伦布发现新大陆（1492 年）之后，花生从西太平洋沿西班牙属地菲律宾而到达中国的东南沿海，时间是 16 世纪中叶。但中国古农书记载的中国花生栽培史远远早于哥伦布发现美洲大陆的 1492 年。代表性的历史文献有：①唐代段成式所撰写的《酉阳杂俎》，又有一种形如番芋，蔓生……花开亦落土结子曰香芋，亦名花生。②元代贾铭《饮食须知》中提到，近出一种落花生，味甘，微苦，性平，形如豆荚，子如莲肉。推算该书的完成应在明洪武元年（1368 年）前的元代后期。③明朝的蓝茂（1397—1470 年）所著的《滇南本草》（写作年代 15 世纪中期）也有落花生的记载。④清代赵学敏于 1765 年所撰写的《本草纲目拾遗》中对落花生有较详尽的考证，且书中引用了《酉阳杂俎》中有关花生的叙述，认为唐代中国即已有花生栽培。⑤清代檀萃 1799 年所撰写的《滇海虞衡志》中也有“落花生为南果中第一……宋元间，棉花、番瓜、番芋、落花生同时传入中国”的记载，说明中国于宋、元年间，即公元 1 000 年左右即已有花生栽培。

从考古情况分析，浙江省吴兴县 1958 年及江西省修水县 1961 年，曾于原始社会晚期的遗址中出土过“花生种子”，根据同时出土的稻谷及木炭等鉴定，距今已有 4 700 年左右。就照片对比，其形象与我国最早栽培的龙生型花生相似。至于普通型大花生的传入，根据前金陵大学《农林通讯》的记载，为 1889 年前由美国传教士带入蓬莱市。1887 年浙江省的《慈溪县志》也有传入大花生的记载。1910 年建立的广东农林试验场，开始了我国的花生科学试验。

3. 花生传入日本

日本吉岛认为，江户时代永宝 3 年（1706 年），花生从中国传入日本。日本宫间则认为是在明治 6 年（1871 年），神奈川人在横滨中国商人处得到了一些种子，1873 年传入千叶县而形成今日的主产区。现在栽培的大粒种是 1874 年从美国引入的。

二、花生营养与用途

（一）花生营养成分

1. 花生果

花生荚果出仁率 60%～80%。花生仁含油率 45%～55%，出油率为 40%～45%。花生油由 80%不饱和脂肪酸和 20%左右的饱和脂肪酸组成，不饱和脂肪酸主要是油酸和亚油酸，易被人体消化吸收。亚油酸能够促进人体生长发育，维持人体正常的生理机能，不增加人体内血清胆固醇的含量，降低了高血压和动脉粥样硬化等疾病的发病率。花生油淡黄透明、油味芬芳、纯正可口，是深受人们欢迎的食用植物油之一，市场上占有相当重要的地位。

花生仁还含有 24%～36%的蛋白质，是我国第二大植物蛋白质来源。花生蛋白质的消化系数为 89%，易被人体吸收（表 3-1）。花生蛋白质主要以花生球朊和伴花生球朊的形式存在，含氮约 18.3%，高于一般作物蛋白质的含氮量，故花生仁含氮量换算成蛋白质含量时，换算系数为 5.46。花生蛋白质由多种氨基酸组成，其中谷氨酸和天门冬氨酸具有促进人脑细胞发育和增强记忆力的功能，所以有健脑食品的美称，但赖氨酸、蛋氨酸和异亮氨酸的含量不足。花生油粕的蛋白质含量可达 47%以上，用浸提法提油，其油米粕蛋白质含量可达 60%。此外，花生仁还含有丰富的碳水化合物，约占 15%，含

2%的纤维素和无机盐、维生素等。

医学上已经证明花生种皮能抑制纤维蛋白的溶解、增加血小板含量、改善血小板的质量、改善凝血因子的缺陷、加强毛细血管的收缩机能，因此具有止血、补血的作用。另外，还可以提高骨髓的造血功能，对再生障碍性贫血等疾病有明显的疗效，同时还有生发乌发的效果。花生种子尤其是花生种皮富含维生素 B_1、维生素 B_2，花生内含维生素 E 丰富，国外有用花生提取维生素 E。

表 3-1　每 100 g 花生仁（生）中的营养成分含量

成分名称	含量	成分名称	含量	成分名称	含量
可食部分/%	100	水分/g	6.9	灰分/g	2.3
糖类/g	16.2	蛋白质/g	24.8	脂肪/g	44.3
能量/kJ	2 356	膳食纤维/g	5.5	维生素 E/μg	5
硫胺素/mg	1.14	核黄素/mg	0.13	烟酸/mg	17.9
维生素 C/mg	3.9	维生素 E/mg	18.09	胆固醇/mg	0
碘/mg	2.7	硒/mg	3.94	钾/mg	587
磷/mg	401	镁/mg	178	钙/mg	59
钠/mg	3.6	锌/mg	2.5	铁/mg	2.1
锰/mg	1.25	铜/mg	0.95		

引自 http：//yingyang.00cha.com/，并根据有关资料整理

2. 花生茎叶

花生茎叶中的蛋白质含量为 11%～14%，脂肪 2%，是重要的动物饲料。挤榨花生油粕残油含量 6%左右，含蛋白质 47%以上，是动物的主要精料。花生油粕含可消化的总养分达 86.7%～89.6%，茎叶也可达 54.6%。

3. 花生壳

烘干的花生壳含纤维素 65%～80%，一般不宜直接用作畜饲料。但如果用酸简单处理花生壳，用棒状杆菌分解 2 天，可以使消化系数由 20%提高到 70%左右，蛋白质含量提高到 15%，饲用效果很好。用花生壳的提取物，可代替制作黏胶剂与合成树脂所需要的酚的 20%～80%，节省能源近一半。

（二）花生用途

花生仁营养丰富，食味优良，是单位面积产油量最多的一年生油料作物。世界上发达国家消费的花生主要供食用。我国花生的 55%用于榨油，年消耗

花生原料近800万t（以花生果计）；食品加工和直接食用约530万t，占总产量的30%，种子占总产量的8%，出口占总产量的7%。

1. 食油用

国产花生油约300万t，占1 200万t国产植物油总量的1/4，位居油菜之后，居第二位。花生油占3 400万t国内植物油消费总量的8%，位居豆油（约占36%）、棕榈油（约24%）、菜籽油（约19%）之后，其他植物油（棉籽油、芝麻油、葵花油）消费量合计占13%。

2. 食品用

花生炒货和以花生为原料的糖果、糕点都是人们爱吃的食品，如南味花生糖、鱼皮花生、苏州丁果糖、可可花生、糖花生米、潮州猪油花生糖、咸味花生、椒盐花生米、奶油花生米等，品种繁多，尤其是炒花生果和五香花生米，遍布全国城乡市场。近年来，我国花生食品加工业发展较快，除加工成花生酱、烘烤食品外，以花生为原料的人造肉被誉为“素肉”，在国内销量较大，“蛋香乳”形似牛奶、清甜、有花生香味，也有一定的销量。

3. 出口用

花生是我国的传统出口商品，畅销许多国家和地区，在世界上享有盛名，外商赞誉我国的大花生果大、粒饱满、色泽鲜艳、不油不腻、清脆香甜。我国的大花生杂质少，无黄曲霉菌污染，在四大国际贸易市场上成交情况最佳，出口量占全世界贸易量的25%～30%。

三、花生生产与贸易

（一）世界花生生产与贸易

1. 世界花生生产

世界花生自20世纪初期以来，一直是持续发展，种植面积不断扩大，单产水平提高，总产量持续增加。1931—1939年，花生年均种植面积13 650万亩，总产量813万t；1940—1949年，面积17 775万亩，总产量932.3万t；1950—1959年，面积26 295万亩，总产量1 180.2万t；1960—1969年面积29 775万亩，总产1 566.3万t；1970—1979年面积29 685万亩，总产量1 815.8万t；1991年面积30 540万亩，总产量2 337万t；进入21世纪，花生种植面积稳定在 30 000 万亩以上，总产量在 3 500 万～4 500 万 t。2017 年面积 42 317 万亩，总产量达到 4 744 万 t，单产 112.1 kg/亩（表 3-2）。

表 3-2 世界花生生产情况 万亩，万 t，kg/亩

项目	1991 年	2000 年	2010 年	2015 年	2016 年	2017 年	2018 年	2019 年
面积	30 540	34 869	39 213	40 200	41 933	42 317	42 773	44 396
总产量	2 337	3 473	4 348	4 508	4 491	4 744	4 595	4 876
单产	76.5	99.6	110.9	112.1	107.1	112.1	107.4	109.8

资料来源：中国农村统计年鉴 2001—2021

2. 花生主产区域

世界花生主产区域在亚洲、非洲。主产国是中国、印度、尼日利亚、苏丹、美国、缅甸、坦桑尼亚、阿根廷、乍得、塞内加尔和几内亚等。2018 年花生种植面积最大的是印度，为 7 332 万亩，占世界的 17.1%；总产量最多的是中国，达 1 733 万 t，占世界的 37.7%；单产最高的是美国，为 299 kg/亩（表 3-3）。

表 3-3 世界花生主产国生产情况

项目	2000 年			2010 年			2018 年		
	面积/万亩	总产量/万 t	单产/（kg/亩）	面积/万亩	总产量/万 t	单产/（kg/亩）	面积/万亩	总产量/万 t	单产/（kg/亩）
世界	34 869	3 473	100	39 213	4 348	111	42 773	4 595	107
中国	7 283	1 444	198	6 561	1 514	231	6 930	1 733	250
印度	9 839	648	66	8 790	827	94	7 332	925	126
尼日利亚	2 901	290	100	4 184	380	91	5 655	460	81
苏丹	2 195	95	43	2 430	119	46	4 598	288	63
美国	812	148	183	762	189	247	834	249	299
缅甸	840	63	75	1 316	137	104	1 586	156	99
坦桑尼亚	176	5	30	723	47	64	1 470	67	46
阿根廷	329	42	129	329	61	186	666	92	138
乍得	657	36	55	1 560	110	71	1 181	89	76
塞内加尔	1 643	106	65	1 794	129	72	1 701	150	88
几内亚	230	20	87	341	33	97	1 179	77	65

资料来源：中国农村统计年鉴 2001—2021

3. 世界花生消费结构

近 20 年来，花生消费数量保持稳定增长态势。USDA 数据显示，2020/2021 年度，全球花生总消费量为 5 151 万 t，相比 2001/2002 年度的 3 714 万 t，增长 38.7%，其中国内消费 4 741 万 t，出口 410 万 t。在消费结构上，食用消费 2 212 万 t，压榨消费 1 888 万 t，饲用消费 641 万 t。

4. 世界花生贸易数量

世界花生贸易量有所增长，进出口国家比较稳定。2020/2021 年度全世界花生贸易量 427 万 t，其中出口国分别是阿根廷占 22%、印度占 20%、美国占 17%、中国占 14%、塞内加尔占 8%、巴西占 7%，其他国家占 12%。

花生进口国家有中国占 25%、欧盟占 24%、印度尼西亚占 11%、墨西哥占 6%、俄罗斯占 6%、越南占 5%、加拿大占 4%，其他国家占 19%。

（二）中国花生生产与贸易

1. 花生产地分布

花生生长需要一定的温度、水分和适宜的土壤，一般年平均温度 11 ℃以上、生育期积温超过 2 800 ℃、年降雨量高于 500 mm 的地区均适宜花生种植。我国花生的种植区域很广，种植范围南起北纬 18°、北至北纬 50°，跨越 32 个纬度、56 个经度，从寒温带到热带，从海平面以下 154 m 的吐鲁番盆地到海拔 1 800 m 以上的山地高原，从平原到丘陵，从水田到旱坡地，均有花生种植，分布在 29 个省（自治区、直辖市）。

我国花生产地既有相对集中的优势产区，又有广阔的分散式种植区。江淮流域的河南、山东、河北、安徽、江苏、江西、四川、湖北、湖南，东北地区的辽宁、吉林，珠江流域的广东、广西，是我国花生最集中的种植区。13 个生产区 2020 年花生种植面积 6 505 万亩，总产量 1 691 万 t，分别占全国花生面积 7 096 万亩的 91.67%，总产量的 94.0%。种植面积和产量最多的是河南省，面积 1 892.7 万亩，总产量 594.9 万 t，分别占全国的 26.7% 和 33.1%(表 3-4、表 3-5)。

2. 花生产区划分

根据我国各地的地理条件、气候条件、耕作栽培制度和品种类型的分布特点，以及花生发展的趋势，可将花生生产划分为 7 个区：

表 3-4 中国花生生产情况

年份	面积/万亩	总产量/万 t	单产/(kg/亩)	年份	面积/万亩	总产量/万 t	单产/(kg/亩)
1978 年	2 652.0	237.7	89.6	2016 年	6 672	1 636.1	245.2
1980 年	3 508.5	360.0	102.6	2017 年	6 912	1 709.2	247.3
1985 年	4 978.5	666.4	133.9	2018 年	6 930	1 733.2	250.1
1990 年	4 360.5	636.8	146.0	2019 年	6 950	1 752.0	252.1
1995 年	5 713.5	1 023.5	179.1	2020 年	7 097	1 799.3	253.6
2000 年	7 282.5	1 443.7	198.2				

资料来源：中国农村统计年鉴 2021 年

表 3-5 2019 年花生主产区生产情况

地区	面积/万亩	总产量/万 t	单产/(kg/亩)	地区	面积/万亩	总产量/万 t	单产/(kg/亩)
全国	6 950.3	1 752.0	252.1	湖北	365.4	85.7	234.5
河南	1 834.7	576.7	314.3	吉林	351.6	76.9	218.8
山东	999.8	284.8	284.9	广西	327.8	67.2	205.1
广东	510.8	108.7	212.8	江西	247.7	48.2	194.7
辽宁	433.8	96.4	222.3	安徽	213.3	70.6	330.8
四川	397.1	68.4	172.2	湖南	166.4	29.3	176.1
河北	375.3	96.5	257.0	江苏	155.3	42.7	275.0

资料来源：中国农村统计年鉴 2020 年

（1）黄河流域花生区　包括山东、河南、河北、北京、天津、山西南部、陕西中部以及江苏和安徽北部，是全国花生产区中种植面积最大、总产量最高、提供商品量和出口最多的产区。

本区的气候、土壤条件较好，花生生育期间的积温在 3 500 ℃以上，日照时数一般为 1 300～1 550 h，降水量在 450～800 mm。

（2）长江流域花生区　是我国春、夏播花生交作区，有春播单作、与小（大）麦套作、麦（蚕豆、豌豆）油菜马铃薯连作夏播花生。包括湖北、湖南、四川、重庆、江西、浙江、上海及河南、安徽、江苏 3 省南部、福建西北部、陕西西南部、甘肃东南部。本区花生种植面积和总产量均占全国的 15%左右，单位面积产量较高。

本区自然资源条件较好，有利于花生生长，花生生育期间的积温为 3 500～5 000 ℃；日照时数一般为 1 000～1 400 h；降水量一般在 1 000 mm 左右。

(3) 东南沿海花生区　本区是我国花生种植历史最早，又能春、秋两季种植的生产区，位于南岭以南的东南沿海地区，包括广东、台湾、广西、福建大部和江西南部。花生种植面积和总产量占全国的 2.5%左右，单位面积产量较低。主要种植在海拔 50 m 左右的地区，东南沿海丘陵地区和沿海、河流冲积地区分布较多。

本区高温多雨，水、热资源丰富，居全国之冠。从北向南，花生生育期间的积温由 6 000 ℃左右增加到 9 000 ℃，日照时数 1 300～2 500 h，降水量 1 200～1 800 mm。

(4) 云贵高原花生区　包括贵州、云南大部、湖南西部、四川西南部、西藏东南部。种植面积和总产量占全国 2%左右，单位面积产量较低。本区为高原山地，地势西北高，东南低，高度落差悬殊。山高谷深，江河纵横，气候垂直差异明显。花生多分布于海拔 1 500 m 以下的丘陵、坪坝、半坡地带的梯田及缓坡地。云南的红河、文山、西双版纳、思茅和贵州的铜仁地区较多。

本区的气候条件有利于花生生长，生育期间的积温为 3 000～8 250 ℃，日照时数为 750～2 200 h，降水量 500～1 000 mm，有干、湿季之分，其中云南较为明显，降水量多集中在 5—10 月。

(5) 黄土高原花生区　包括北京市北部、冀北、晋中北、陕北、甘肃东南部以及宁夏部分地区。花生种植面积和总产量占全国的 1%以下，单位面积产量低，种植分散，昌平、怀柔、曲阳等地种植面积较大。

本区西北高、东南低，一般海拔为 1 000～1 600 m，花生多分布在地势较低的地区。花生生育期间积温为 2 300～3 100 ℃，日照时数 1 100～1 300 h，降水量 250～550 mm，多集中在 6—8 月。

(6) 东北花生区　本区为早熟花生区，包括辽宁、吉林、黑龙江以及河北燕郊、山东以北地区。花生种植面积和总产量占全国的 4%左右，单位面积产量较低。

主要分布在辽东、辽西丘陵以及辽西北等地区，海拔多在 200 m 以下。花生生育期间的积温为 2 300～3 300 ℃，日照时数 900～1 450 h，降水量一般为 330～600 mm，东南多西北少。

(7) 西北花生区　本区是灌溉花生区，包括新疆、甘肃的景泰、民勤、山丹以北地区、宁夏的中北部以及内蒙古的西北部。花生种植面积和总产量占全国的 1%以下，单位面积产量低。

本区处于内陆，绝大部分地区属于干旱荒漠气候，温、光、水、土资源配合有较大缺陷。花生生育期间的积温，南疆、东疆南部和甘肃西北部较高，为 3 400～4 200 ℃，日照时数为 1 300～1 900 h，降水量最少，仅 10～73 mm。甘肃河西走廊北部、北疆北部的部分地区积温最低，为 2 300～2 650 ℃，日照时数为 1 150～1 350 h，降水量为 61～123 mm。此区的温、光条件对花生生长有利，只是降水量稀少，不能满足花生生长的要求，必须有灌溉条件才能种植花生。

3. 中国花生进口

随着国内花生消费市场的变化，对花生需求数量逐年增加，近年来花生进口快速增长。据中国海关数据，2017 年进口花生产品 25.27 万 t，2018 年进口 18.36 万 t，2019 年进口 7.86 万 t，2020 年进口 108.78 万 t，其中进口去壳花生达 76.52 万 t，进口带壳花生 32 万 t，均创同期历史最高纪录，还进口了烘焙花生、花生酱、花生米罐头等。

（三）湖北省花生生产

1. 花生生产呈波动式发展

花生是湖北省栽培的重要油料作物之一。清代，湖北种植花生已较普遍，1934 年的产量已达 11.11 万 t。新中国成立后花生种植面积逐渐扩大，1957 年种植面积突破 100 万亩，1956 年总产量达到 11.94 万 t。20 世纪 60 年代，遭受严重的自然灾害，造成粮食和油料作物受灾减产，花生种植面积减少为 40.4 万亩，1960 年最低时只有 27.6 万亩，单产由 1956 年的 136 kg/亩，减少到 34 kg/亩。1962 年种植面积开始恢复发展，1966 年又出现波动下滑，到 1978 年又开始恢复发展，1986 年超过 1957 年的种植面积，1999 年突破 200 万亩，2001 年达到 315 万亩，2012 年种植面积 360 万亩，总产量 74.34 万 t，均创历史最高纪录。花生生产的波动变化，与粮食生产关系十分密切，表现为粮食丰收花生发展，一旦粮食减产，花生种植面积就会调减（表 3-6）。

表 3-6　湖北省花生生产情况

年份	面积/万亩	总产量/万 t	单产/(kg/亩)	年份	面积/万亩	总产量/万 t	单产/(kg/亩)
1978 年	51.21	4.90	95.67	2000 年	290.13	53.46	184.27
1980 年	61.14	5.85	95.67	2005 年	257.57	60.19	233.73
1985 年	98.91	13.52	136.67	2010 年	297.75	66.64	223.80
1990 年	95.63	12.79	187.20	2015 年	332.48	73.21	220.20
1995 年	137.87	27.28	197.87	2019 年	365.43	85.71	234.53

资料来源：湖北农村统计年鉴 2020

2. 花生产区分布

湖北省花生种植广泛，各个县（市）都有花生种植，主要集中在两大种植区域。

（1）鄂东花生产区　位于大别山以南，包括黄冈市、孝感市的东北部、随州市的东部、武汉市的北部。以红安、麻城、大悟 3 县（市）种植面积较多，是历史上有名的花生主产县。1949 年至 20 世纪 90 年代，鄂东花生区花生的播种面积和产量，一度占全省的 70%以上，商品率达 40%以上。

（2）江汉平原花生区　位于汉水中、下游和长江沿岸地区，包括襄阳、荆门、荆州、仙桃、天门、潜江、咸宁、黄石、鄂州及宜昌东部、孝感南部、武汉市南部，气候、土壤等条件适宜花生生长。20 世纪 90 年代以来，花生生产发展很快，尤其是襄阳市，2019 年花生种植面积和总产量分别达到 87.63 万亩、23.5 万 t，均居全省第一位。2019 年花生种植面积 10 万亩以上的县（市）达 11 个，花生种植面积和总产量占全省 55%左右（表 3-7）。

表 3-7　2019 年湖北省花生主产县生产情况

地区	面积/khm^2	总产量/t	单产/(kg/亩)	地区	面积/khm^2	总产量/t	单产/(kg/亩)
湖北省	365.43	857 101	234.53	宜城	12.68	29 750	234.73
襄州	36.33	111 565	307.07	黄陂	12.50	27 443	219.67
大悟	28.31	49 922	176.40	竹山	11.64	24 659	211.87
红安	27.86	65 403	234.80	广水	10.82	24 352	225.07
麻城	22.64	54 029	238.73	天门	10.77	38 772	360.00
枣阳	18.60	50 520	271.60	钟祥	10.07	25 019	248.60

资料来源：湖北农村统计年鉴 2020

第二节　花生生物学基础

一、花生的生物学特征

（一）花生的类型

1. 植物学分类

花生属草本植物，花生属有70多个种，已正式命名的有23个种。其中只有一个是栽培种，其余均为野生种。栽培种为异源四倍体，体细胞染色体数为40，包含A、B两个染色体组，野生种多为二倍体。

1956年，中国农业科学院油料作物研究所孙大容等，根据花生品种的荚果形态、开花型及其他性状，将我国花生分为四大类型：普通型、龙生型、珍珠豆型和多粒型，首先将龙生型作为花生的基本类型之一。1960年，国外专家拉波维卡斯，按分枝型将栽培花生分为2个亚种，每个亚种又各分为2个变种，共4个变种，该变种与我国的4个类型正好对应，其分类系统（表3-8）。

表3-8　花生栽培种的分类

亚种	变种	植物学类型	类型	次级变异中心
密枝亚种	密枝变种	弗吉尼亚型	普通型	玻利维亚、亚马孙河流域
	多毛变种	秘鲁型	龙生型	秘鲁
疏枝亚种	疏枝变种	瓦伦西亚型	多粒型	秘鲁、巴西东北部地区
	普通变种	西班牙型	珍珠豆型	圭亚那、巴西东北部地区

我国最早栽培的是龙生型花生，故又称为本地小长果。龙生型花生的荚果多为3～4粒，果腰细，果嘴较大，壳薄、脉纹极明显；蔓生，多晚熟；耐旱性强，与其结实较深有很大的关系；种子食味好，曾广泛用于制作咸花生果。但结实散漫，难收刨，产量低。

四大类型花生的农艺性状特点（表3-9）。

表3-9　四大类型花生的农艺性状特点

类型		普通型	龙生型	珍珠豆型	多粒型
开花型		交替	交替	连续	连续
果形		普通形，果大，多2粒荚果，果嘴小	曲棍形，果小，多三四粒荚果，果嘴大	葫芦形，果中等偏小，大都2粒荚果，果嘴小	串珠形，果中等大，多三四粒荚果，果嘴不明显
果壳		厚，脉纹浅	薄，脉纹深	较薄，脉纹浅	厚，脉纹浅平
种子	种皮	淡红色	淡褐色	粉红色、易生裂纹	深红色、易生裂纹
种子	粒形	粒大，长椭圆形	粒小，瘦长，椭圆形或三角形	粒中等偏小，短椭圆形或桃形	粒中等大，短柱形或三角形
种子	休眠性	强	强	弱	弱
茎性		有立性、半立性、匍匐性三种，多分枝	匍匐性，多分枝，有三次以上分枝，茸毛密生	立性，分枝少	立性，分枝少，茎粗，较高大，红种皮者有花青素
株型指数		立蔓1.2 半蔓1.6 爬蔓2以上	5.5	1.1～1.5	1.2
叶片		倒卵形，中偏大，色浓绿	短扇形或倒卵形，小，灰绿色，茸毛密	近圆形，较大，色淡绿	长椭圆形，大
耐旱性		强	强	较弱	较弱
对结实层土壤缺钙的反应		敏感	—	不敏感	不甚敏感
开花、成熟		中偏晚	晚	早	早

2. 栽培学分类

目前，生产或科研上一般按花生熟性的早晚、种仁大小、荚果大小和株型分类。

（1）按生育期分类　分为早熟种＜130天、中熟种130～160天、晚熟种＞160天。

（2）按株型分类　分为直立型、半蔓型、蔓生型。直立型品种适宜密植，蔓生型品种适宜稀植，半蔓型品种种植密度居中。

(3) 按种仁大小分类　分为大粒种百仁重＞80 g、中粒种百仁重 50～80 g、小粒种＜50 g。

(4) 按种荚果大小分类　按品种固有形状和正常成熟荚果百果重的大小，分为大果型百果重 200 g 以上、中果型百果重 150～200 g、小果型百果重 150 g 以下。

花生荚果大小主要受遗传因素控制，荚果大小与花生产量关系密切。不同花生果型品种对土壤和生态环境条件的要求有较大差别。大果型品种主要分布在北方的花生区，小果型品种主要种植在南方的产区。小果型品种出苗整齐，出叶速度较快，荚果发育较早，产量较低；大果型品种苗壮，分枝数、果针数、荚果数和干物质积累多，产量较高。一般荚果大小与种仁大小呈正相关。

(5) 按产品用途分类，分为 4 个类型。

①食用花生。食用花生的品质应以籽仁蛋白质含量、糖分含量和口味为主要指标，蛋白质含量高，含糖量高，口味好，品质越好，同时考虑低脂肪含量及高 O/L 值（油酸与亚油酸比值）。食用花生又可分为鲜食花生、豆腐花生、酱用花生、烤果花生和烤仁花生、芽菜花生等。

a. 鲜食花生。对产量目标要求略低，但熟性好。鲜食花生与熟性相关性强，越早熟，上市越早，效益越好，生育期 80～90 天为宜。其种皮颜色以鲜红或黑色最受消费者欢迎，煮熟后质地酥而不软，蛋白质含量要求 30%以上，且鲜食花生亚油酸含量要高，O/L 值要低。

b. 豆腐花生。花生通过特殊处理，也可以加工成豆腐。以花生为主要原料加工成的豆腐，鲜嫩细脆，清香可口，具有不易腐败、变质的特点，是理想的新型豆腐食品。要求蛋白质含量高、蛋白抽提率高、凝固率高。

c. 酱用花生。要求大粒或中粒，蛋白含量适中、糖类含量高、硬度小，蒸煮时易软化的品种。

d. 烤果花生和烤仁花生。要求花生品种的含糖量、硬度要高，随花生种子硬度和蔗糖含量的增加，其口味品质更好。

e. 芽菜花生。要求百仁重小于 50 g，发芽率高，花生芽生长快，芽长，脂肪含量低，蛋白和糖类含量高，味道佳的品种。

f. 高蛋白花生。优质的花生蛋白，在食品加工中已得到较广泛的应用，以不同的比例添加到面粉、肉制品、乳制品、冰制品、水产品等各类品种的食品中，不仅能增加营养，同时还能改善食品的性能结构。花生蛋白的利用，要从营养特性和功能特性两个方面综合考虑。营养特性是蛋白资源的基础，功能特性决定着蛋白的加工性能。

②油用花生。油用花生的品质以籽仁脂肪含量为主要指标，脂肪含量越高品质越好，同时考虑脂肪酸组成分，不饱和脂肪酸含量越高，营养价值越高。

脂肪含量≥55%为高油品种。高油品种如徐花 9 号、冀花 4 号、远杂 9102、豫花 9830、中花 5 号、中花 8 号、中花 12 号、中花 16 号等品种。

花生脂肪酸的组成是决定花生油脂品质的重要因素。组成花生脂肪的脂肪酸主要为油酸 31.12%～72.76%、亚油酸 12.55%～50.67%、棕榈酸 4.10%～17.14%、硬脂酸 0.68%～9.06%、花生酸 0.18%～5.96%、山嵛酸 0.29%～5.93%、花生烯酸 0.08%～4.47%。油酸是一种单不饱和脂肪酸，不仅能降低有害胆固醇（低密度胆固醇），还可维持有益胆固醇（高密度胆固醇）的水平，从而减缓动脉粥样硬化，有效预防冠心病等心血管疾病的发生；油酸稳定性高，油酸含量高有利于延长花生及制品的货架期。提高油酸含量已成为国内外花生品质改良育种的研究热点之一。

③出口专用花生。出口专用花生的品质应以荚果和籽仁形状、果皮和种皮色泽、整齐度以及 O/L 值、口味等为主要指标。我国传统的出口花生是弗吉尼亚型大花生，多以农家品种为主，具有粒大而均匀、口味好、O/L 值较高、耐储藏等优点。近年来推出的出口型品种虽产量提高，但果（仁）形、均匀度、外观、口味下降，O/L 值降低。小花生多为白沙 1016 及其杂交后代的混合体。出口专用花生品种有豫花 11 号、豫花 3 号、远杂 9307、丰花 6 号、鲁花 10 号、花育 22 号、潍花 6 号、锦花 12 号、徐州 68-4 等。

④保健花生。花生品质应以其籽仁中含有某种或几种对人体健康有重要作用的成分，目前主要有高亚油酸含量花生、低脂肪花生（40%以下，美国标准为含油量低于 37.5%）、高白藜芦醇花生、高硒、高锌或高钙花生等。

a. 药用花生。花生在医药上具有降低血压、治疗小儿单纯性消化不良和镇咳祛痰等作用。利用花生红衣（种皮）制作具有止血等功效的药物，如止血片、止血宁注射液、止血宁糖浆等；利用花生壳中含有的皂草苷制作花生壳制剂，如脉通灵等，对动脉硬化、高血压、冠心病及其并发症大有裨益；利用壳的木质素制造口味甜而不含糖的木糖醇，适于糖尿病患者与儿童食用，还可防龋齿；利用叶片制造天然安眠药。

b. 高亚油酸花生。亚油酸是一种人体自身不能合成、必须由饮食供给的不饱和脂肪酸，又称为必需脂肪酸。亚油酸有抗辐射、降胆固醇和抗动脉硬化等保健作用。高亚油酸花生品种如豫花 14 号含量 42.58%、锦花 9 号含量 40.73%、湘花 8 号含量 39.87%等。

c. 低脂肪花生。花生热量值低，为害怕体重增加的人食用花生开辟了新途径。低脂肪花生品种如阜芪 10 号为 42.8%、花育 17 号为 44.6%。

d. 高白藜芦醇花生。白藜芦醇被喻为继紫衫醇之后的又一新的绿色抗癌药物，被美国《抗衰老盛典》列为 100 种最有效的抗衰老物质之一。对人体的生物学功能主要表现为：抗癌（前列腺癌、乳腺癌）、抗动脉粥样硬化、保护心脏血管（预防心肌梗死、脑栓塞、心脏病）、抗血小板聚集、调节油脂代谢、抗菌消炎等，是心脏病、动脉硬化及癌症的天然预防剂。广东省农业科学院已育成了白藜芦醇高含量品种珍珠 1 号，花生籽仁白藜芦醇含量 9 μg/g，种衣含量 9.2 μg/g。

e. 含硒较高花生。硒具有显著的生理保健功能，抗氧化、抗肿瘤、解毒、保护肝脏、预防心脑血管疾病、防治克山病和大骨节病、保护视器官的健全功能和视力、防止糖尿病、心肌病变的发生发展。硒含量较高的品种如远杂 9102、豫花黑 1 号、远杂 0005 等，达 0.01～1.00 mg/kg 的范围之内，属于富硒花生。

f. 黑色花生。花生籽仁鲜湿时紫黑，晒干乌黑，具有高蛋白（30.7%）、高钾（7 mg/g）、高锌（37 mg/kg）、高硒的特点，是典型的黑色保健食品。黑花生品种有豫花黑 1 号、开农黑花生、赣花 9 号、绵新 2 号、中育 1 号、黑丰 1 号、珍珠黑、庐黑 1 号等。

（二）花生种子

1. 种子的形态结构

花生种子俗称花生仁或花生米，由双受精后的胚珠发育而成。珠被形成种皮，受精卵发育成胚，胚乳于种胚分化子叶后逐渐被种胚所吸收，有时只在子叶先端可见其痕。花生种子着生在荚果的腹缝线上，成熟种子的外形一般一端钝圆或较平（子叶端），另一端较突出（胚端）。种子形状可分为椭圆形、三角形、桃形、圆锥形和圆柱形 5 种。普通型品种的种子多为椭圆形，较细长，珍珠豆型品种多为桃形，较短圆。

种子大小可分为 3 种：大粒种百仁重在 80 g 以上，50～80 g 为中粒种，50 g 以下为小粒种。

花生种子由种皮和胚两部分组成，胚又分为胚根、胚轴、胚芽和子叶四部分。胚乳在种子发育中途败育，偶在胚芽上方可见薄膜状的胚乳遗迹。种子近尖端部分的种皮表面有一白痕，为种脐。

种皮分三层，表皮为厚壁细胞层，具有色素，因类型和品种不同而呈白色至浅红色以至于深紫色或黑色等色泽；中间为薄壁细胞层，内含维管束；内表皮为薄壁细胞层，成熟时因品种不同而呈白色或金黄色。有些品种外表皮易裂开呈现白色裂纹，易染黄曲霉菌。种皮出现裂纹与种皮结构有关，种皮的厚壁细胞层厚而坚者不易产生裂纹，内表皮的薄壁细胞层较厚则易产生裂纹；裂纹还与生育后期土壤干湿变化等环境条件有一定关系。

花生种皮的颜色，以晒干新剥壳的成熟种子为准，可分为紫色、紫红色、紫黑色、红色、深红色、粉红色、淡红色、浅褐色、淡黄色、红白相间、白色等 11 种，其中粉红色品种最多。

种皮主要起保护作用，防止有害微生物侵染。在花生荚果诸多抗黄曲霉菌污染的性状中，种皮表面的蜡质匀而厚、细胞排列紧密、透性低、种脐小的品种，抗性较强。

胚由胚芽、胚轴、胚根和子叶组成。胚芽白色，由 1 个主芽和 2 个子叶节侧芽构成。主芽有 2～3 片幼真叶和 3～4 个真叶原基，2 个侧芽则各有鳞片 1～2 片、幼真叶 1～2 片和 2～3 个真叶原基。主芽长成主茎，2 个侧芽成为侧枝，通常称作第一对侧枝。子叶 2 片，特别厚，呈乳白色，有光泽，富含脂肪、蛋白质等营养物质，质量占种子重的 90%以上。子叶是储藏养分的场所，为种子萌发过程中的器官分化与形成提供营养。子叶下为下胚轴，先端为胚根，突出于种子基部。

2. 花生种子的休眠性

具有生活力的成熟种子，在适宜发芽的条件下不能萌发的现象称为种子的休眠性。种子通过休眠所需的时间称为休眠期，不同类型的花生品种种子的休眠期差异较大。用激动素及其同类物质 6-苄氨基嘌呤处理种子，能有效增加种子的乙烯含量，解除休眠。用粉状的乙烯利按 1∶100 的比例与杀菌剂混合，进行拌种，即可有效解除休眠。晒种有利于促进乙烯的产生，有助于打破花生种子休眠促进种子萌发。

3. 花生种子萌发需要的条件

花生种子解除休眠后，在适宜的条件下便可萌发。花生种子约含脂肪 50%，其余的为亲水物质，种子吸收本身重量 40%的水分即可萌发，但使其出苗则需要吸收 4 倍于种子重的水分。活力高的种子，浸水后 2～4 天开始释放乙烯，然后迅速上升，至 24 h 达到高峰，随后下降。萌发 2～4 h 的种子，呼吸强度已达较高水平，萌发 58～60 h 后达到高峰，然后下降。花生种子富含脂肪，萌发过程中呼吸耗氧量大，土壤空气中氧气的含量减少到 25%时即影响发芽出苗。种子萌发温度，珍珠豆型品种 12 ℃时萌发，普通型品种 13 ℃时萌发。37 ℃时发芽最快，高于 40 ℃受阻。普通型大花生高于 46 ℃即不可萌发，珍珠豆型品种花生和多粒型品种小粒红则在 46 ℃的条件下仍能萌发。一般来说，花生种子高于 47 ℃不能萌发，25 ℃下经 24～36 h 生出幼根。

（三）花生根及根瘤

1. 花生的根系

花生的根系为圆锥根系，由主根和多级侧根组成。主根由胚长成，由主根分生出的侧根称为一次侧根，一次侧根分生出来的侧根称为二次侧根，依此类推。主根维管束为四原型，四列一次侧根在主根上呈“十”字状排列，侧根为二原型或三原型。胚轴和侧枝基部也可发生不定根。

田间种植的花生，根尖一般不着生根毛，有的只在某些特殊条件下偶尔着生根毛。春播时，种子萌发 10 天以内出现侧根。幼苗出土时，在适宜的土壤条件下，主根长 20～30 cm，侧根已经 40 多条；发芽 1 个月后主根长 50 cm，已有 100～150 条侧根；花生根系近水平方向生长，幅度可达 45 cm；此后侧根的生长即转向垂直方向生长。成熟植株的主根长可达 2 m，一般

60～90 cm，侧根也可伸至类似深度。侧根于地面下 15 cm 深处最多，70%的根系分布在 30 cm 深的土层内。

2. 花生根瘤和根瘤菌

（1）根瘤的形成　花生和其他豆科作物一样，根上长有瘤状结构，称为根瘤，由土壤中的根瘤菌侵入根部组织而形成。根瘤菌自根毛侵入，存在于根皮层的薄壁细胞中。根瘤菌在皮层细胞中迅速分裂繁殖，同时皮层细胞因根瘤侵入的刺激进行细胞分裂。结果在这一区域内皮层细胞数目增加，体积膨大，形成瘤状突起，即根瘤。花生根瘤菌属于豇豆族根瘤菌，除花生外，还可与豇豆、绿豆、小豆等豆科作物共生。

花生品种的结根瘤性和根瘤的固氮能力也有很大的差异。一般普通型品种结根瘤多，固氮能力强，珍珠豆型品种则相反。有的品种虽然结根瘤，但不固氮，有的花生品种不能结根瘤。

花生根瘤圆形，直径一般为 1～1.5 mm，多数着生在主根的上部和靠近主根的侧根上，在胚轴上亦能形成根瘤。根瘤的大小、着生部位、内部颜色等都与固氮能力有关，主根上部和靠近主根的侧根上的根瘤较大，固氮能力也较强。有效根瘤菌中含粉红色汁液，其中有豆血红蛋白，起着从高氧压向低氧压输送氧气的作用。根瘤菌因氮需要寄主不断提供能源，在二氧化碳充足时，植株产生的光合产物多，根瘤着生得好，固氮作用旺盛。

花生根瘤菌在土壤中不能固氮。当幼苗主茎长出 4～5 片真叶时，幼根上便形成肉眼可见的圆形瘤状体。此时根瘤内的根瘤菌还不能固氮或固氮能力很弱，不但不能供给花生生长发育所需的氮素营养，还要吸收花生植株中的氮素和碳水化合物，来维持本身的生长繁殖，因此幼苗期的根瘤菌与花生是寄主关系。随着植株生长发育，根瘤菌的固氮能力逐渐增强，开始为植株供氮，开花以后，为花生提供的氮素越来越多，根瘤菌与植株的关系变为供生关系。盛花期和结荚初期是根瘤菌固氮和供氮的盛期。生育后期，根瘤菌的固氮能力衰减很快，根瘤破裂，根瘤菌重新回到土壤中。

（2）共生固氮过程　根瘤菌从根瘤细胞中摄取自身生活所需要的水分和养料，把空气中的游离氮转变为植物能利用的含氮化合物，这种作用叫作固氮作用。花生根瘤菌固氮是一个还原过程，根瘤菌产生固氮酶，激活氮分子，使其与氢结合生成氨。固氮酶有钼铁蛋白和铁蛋白两种成分，它们在三磷酸腺苷以及某些电子载体的参与下，把大气中的氮分子还原成氨，并与地上部运来的碳水化合物结合形成氨基酸，再运送到地上部。

（3）影响根瘤菌固氮的因素　影响花生根瘤菌固氮的因素比较多，一是花生品种类型；二是花生植株生长期间的光合作用；三是土壤水分；四是土壤中营养元素，受土壤氮素影响很大，在不施氮肥的土壤上，根瘤菌固氮率可达 90%以上，在氮肥量适中的土壤上，根瘤菌固氮率一般为 40%～60%，且随施氮量的增加而降低；五是土壤 pH，中性土壤根瘤发育好，酸性土壤根瘤菌数目少，固氮酶的活性低；六是温度，根瘤菌繁殖的适宜温度为 18～30 ℃，根瘤形成和固氮的最适宜温度为 20～22 ℃。

（四）花生茎的形成

1. 胚茎

由子叶节向下至主根之间的这一段，称为胚茎。胚茎属于茎部，其功能与茎部相似。种子萌发后，胚茎向上伸长，将子叶推出地面，因此花生幼芽出土依赖于胚茎伸长。胚茎的长度主要取决于覆土深浅，播种深或芽苗出土时曝光迟，胚茎较长，粗度则与种子的大小呈正相关。播种质量对胚茎的正常生长及花生出苗有很大影响，如播种时种子倒置，发芽后胚茎会出现弯曲，影响幼苗正常出土；播种过深或覆土过厚，胚茎在一定范围内可相应伸长，但在出苗过程中消耗养分过多，不利于幼苗和根系发育。

2. 茎的形态

花生主茎直立，茎上生有白色茸毛，一般认为茎上茸毛多的品种较抗旱。花生的茎一般为绿色，老熟后变为褐色。有些品种的茎含有花青素，茎呈现部分红色，许多多粒型和龙生型品种茎呈现深浅不等的红色。

主茎一般有 15～25 个节间，与生长期长短、温度、水分和肥力高低密切相关。主茎高度以 40～45 cm 为宜，超过 45 cm 则表明采取的调控措施偏晚或力度偏小，花生营养生长与生殖生长关系失调，有旺长趋势和倒伏的隐患；花生主茎高度低于 35 cm，表明植株营养体生长不良，或栽培条件差、控旺措施偏早偏重。

3. 茎的组成结构

花生茎的横切面自外向里分别为表皮、皮层、韧皮部、形成层、木质部、髓部。表皮细胞是活细胞，但一般不含叶绿体。表皮覆有角质层，具有气孔器。茎表皮细胞内含单宁。皮层由 3～4 层细胞组成，维管束 20～40 个，中心部分为髓。幼茎中实，老后中空，干燥后茎的中上部断面为不规则的五边形。主茎直立，侧茎斜伸或匍匐或半匍匐。

4. 茎的分枝

花生的分枝除了两个子叶节分枝对生外，各级侧枝互生。第 3～4 个一级侧茎之间的主茎节间比较短，形似对生，常称为第二对侧枝。主茎上一般只有 5～6 个一级分枝或侧枝。主茎基部的 4 个侧枝及其基部所生的分枝是花生的主要结实部位，就有效结实部位最大的第一对侧枝来说，基部节位一般可达 6 节。花生开花后，各级分枝的顶端生长有与主茎顶端相平齐的趋向。

（五）叶

1. 叶的形态结构

花生的叶可分为不完全叶和完全叶（真叶）两种，每一枝条的第一节或第二、第三节着生的叶是鳞叶，属于不完全叶，2 片子叶也可视为主茎基部的 2 片鳞叶。花生的真叶为羽状复叶，包括托叶、叶枕、叶柄、叶轴和小叶等部分。小叶两两对生，着生在叶柄上部的叶轴上，偶尔也有多于或少于 4 片的畸形叶。

花生叶片的形状分为椭圆形、长椭圆形、倒卵形、宽倒卵形 4 种。叶片大小以主脉的长度表示，变幅很大，一般 2～8 cm。叶片颜色可分为黄绿色、淡绿色、绿色、深绿色和暗绿色等。普通型品种一般为倒卵形，绿色或深绿色，大小中等；龙生型品种多为倒卵形，灰绿色，有大有小；珍珠豆型和多粒型品种椭圆形，颜色较浅，叶片较小。

2. 叶的感性运动

花生叶片具有较明显的感光运动，夜间或光强减弱时，由于叶枕细胞内光敏色素的作用，叶枕细胞膨压降低，引起叶身下垂，致使小叶两两叠合；白天或光强增加时细胞膨压增加，叶片重新张开，此种“昼开夜合”的现象称为叶片的“睡眠运动”或“感性运动”。普通型花生光强为 250～450 lx 时叶片开始展开，增至 2 000～2 300 lx 时即完全展开。花生叶片还具有较明显的“向阳运动”，即在晴天条件下，叶片在一天内随太阳辐射角的变化而不断发生变化，其正面尽可能对着太阳，使叶片的空间分布更有利于多接阳光。

3. 叶片的组织结构

花生叶片由上表皮、下表皮、栅栏组织、海绵组织、叶脉维管束及大型贮水细胞组成。上、下表皮分布着许多气孔，上表皮气孔的密度大于下表皮。

4. 叶片的生长

花生主茎上第 1～4 片叶每 1～2 天展开一片；第 5～8 片叶，每片真叶由出现到完全展开需要 5～9 天；第 10～17 片叶，4～6 天展开一片。此后出叶速度明显减慢，需要 10 天或更长时间，同时叶片也变小。花生苗期叶片含氮 3%～5%，碳、氮的比值全生育期最低，叶色浓。其后虽然已经出现根瘤，但固氮很少，而且大量花芽分化，幼苗渐长，耗氮多，叶色变淡，近开花前一段时间明显变黄。这时如果供氮过多，叶色仍浓，但有延迟开花、减少花量的可能。开花后根瘤菌的固氮能力渐强，叶色由黄转绿。近成熟前，茎叶内的氮大量输向荚果和籽仁，根瘤菌失去固氮能力，叶色由绿转黄。花生一生叶色有出苗黑、初花黄、果针黑、饱果黄的“两黑两黄”变化。

5. 叶的功能

（1）光合作用　花生叶是进行光合作用的重要器官，叶的发育程度及总叶面积的大小直接影响花生的光合作用，具有足够而适当的叶面积是花生高产的基础。花生为碳三植物，其光饱和点就单叶而言为 6 万～8 万 lx，而田间冠层叶于 10.3 万 lx 时仍未达到光饱和点；光补偿点与花生生育状况和特定条件有关，变幅在 550～2 000 lx。花生真叶完全展开 10～15 天后光合作用强度最大，茎枝由上而下第三片展开叶的光合作用强度最大，第 5 片叶中等，从第 8 片叶开始下降。花生叶片从展开至脱落，单叶的光合速率呈抛物线形变化：花生叶片展开后光合速率迅速升高，至展开后 20～25 天达最大值，然后缓慢降低，至展开后 50 天左右迅速下降，60 天左右脱落死亡。

（2）蒸腾作用　叶是进行蒸腾作用的重要器官。蒸腾作用能促进花生体内水分的传导，是被动吸水的原动力；能降低叶温，避免叶片过热而受害；也是把矿质养分随水分运至植株上部的动力。干旱条件下，应用化学物质适当控制叶片的蒸腾速率，能显著减轻干旱对花生植株产生的不利影响，提高产量。叶片还具有吸收养分的功能，通过叶面施肥可补充根系对某些养分吸收的不足。

(六) 花生的花序和花

1. 花序

花生的花序为总状花序，由2级或2级以上的分枝变态而成。有的品种花序轴很短，仅着生1～2朵或3朵花，近似簇生，称为短花序；有的品种花序轴明显伸长，可着生4～7朵花，偶尔着生10朵以上，称为长花序；有的品种在长花序上部又长出羽状复叶，不着生花朵，从而使花序又转变为营养枝，通常称为混合花序；有的品种在侧枝基部有几个短花序着生在一起，形似丛生，通常称为复总状花序。

2. 花的形态结构

(1) 花的结构　花生的花器由苞叶、花萼、花冠、雄蕊和雌蕊组成。苞叶2片、绿色，其中一片桃形、较短，着生在花轴上，包围在花的外面，称为外苞叶；另一片较长，可达2 cm，先端形成二分枝，称为内苞叶。花萼位于内苞叶内，下部联合成一个细长的花萼管，萼管上部有5枚萼片，其中4枚联合，1枚分离，萼片呈浅绿、深绿或紫绿色，花萼管多呈黄绿色，被有茸毛，长度一般为3 cm左右。花冠蝶形，从外向内由1片旗瓣、2片翼瓣和2片龙骨瓣组成，一般为橙黄色，雌雄蕊包在其内。

每朵花有10枚雄蕊，其中2枚退化，一般只有8枚。少数品种退化1枚，具有9枚雄蕊，还有少数品种不退化，具有10枚雄蕊。

雌蕊位于花的中心，分为柱头、花柱、子房三部分。细长的花柱自花萼管及雄蕊管内伸出，柱头密生茸毛，顶端略膨大呈小球形。子房位于花萼管及雄蕊管基部，子房上位，1室，内有1至数个胚珠。子房基部有子房柄，开花受精后，其分生延长区的细胞迅速分裂使子房柄伸长，把子房推入土中，这一过程称为下针。

(2) 花芽分化　普通型花生第一花序原基着生在各级分枝的第三节上，出苗前后，有的也可分化出1～2个花序的原始体，其第一花芽开始分比。每个花序的分化进程可分为九级：花序和花原基分化期、花萼原基分化期、雌雄蕊分化期、花瓣分化期、胚珠花药分化期、大小孢母细胞形成期、大小孢母形成期、胚囊及花粉粒发育成熟期、开花期。

(3) 开花和受精　开花的前一天下午约4时花朵即明显增大，傍晚可见黄色的花冠包被于长大的花萼内，花萼管逐渐伸长，次日日出时开花。花生开花的顺序大致为由下而上、由内向外，邻花开放的时间间隔为 2～3 天，开花后 6～9 天受精。花生开花的最低温度为 18 ℃，21～28 ℃，随着温度的增高开花量增多，25～28 ℃时开花最多。高于 35 ℃对开花受精不利。花粉粒于 16 ℃以上便可以萌发，花生开花前已经散粉，为自花授粉作物。

花生开花与土壤含水量、空气湿度、光照等环境条件密切相关。适宜开花的田间土壤最大持水量为 60％～70％，降至 30％～40％就会中断开花；大气相对湿度为 86％～100％时适宜开花，花生开花常集中在上午 9 时之前。

（七）花生的果针

1. 果针的形成

花生开花受精后，在子房内形成原胚，产生吲哚乙酸、赤霉素和细胞激动素等。这些物质被运至子房基部，促使子房柄细胞开始分裂。子房柄连同其先端的子房合称果针，其先端帽状，表皮细胞木质化，对果针入土具有保护作用。子房位于果针先端约 1 mm 处，其后 1～2 mm 为子房柄细胞分裂区，再往后 4～7 mm 为细胞延长区。果针形成初期略呈水平生长，后渐向地下伸长。果针向地下伸长的过程即为下针，开花受精后 3～6 天，下针中的果针已经明显可见。果针被覆茸毛，具有吸收水分和养分的能力。

2. 下针与环境的关系

花生下针受大气环境的影响，适宜的土壤含水量、60％～70％空气相对湿度；花生果针能耐短时间的 40～41 ℃的高温；花生果针必须入土结实，因为花生结实最需要的条件是黑暗湿润和机械刺激。

（八）花生的荚果

1. 荚果的发育过程

（1）荚果的形成　果针入土后呈白色，入土后 4～6 天至 3～10 cm 深度，子房即在土壤中横卧，腹缝向上，膨大为荚果；果实入土 2～3 周，内果白嫩多汁肥厚；子房发育 30 天，果壳长至最大，果壳硬化时渐呈固有的黄色。果壳外观可见 12 条纵脉，其间有许多小维管束相通，形成若干纵横的支脉。

（2）荚果的形态结构　成熟荚果的果壳坚硬，成熟时不开裂，多数荚果具有 2 室，也有 3 室以上，各室间无横隔，有或深或浅的缩缢，称为果腰。

荚果先端突出似鸟喙状，称为果嘴，其形状可分为钝、微钝和锐利 3 种。荚果形状大体可分为普通形、斧头形、葫芦形、蜂腰形、蚕茧形、曲棍形、串珠形 7 种。普通型品种果壳较厚，荚壳重占果重的 30%以上。

2. 种子的发育

幼果初期原胚发育成棒状时，胚乳已有数百个游离核。果针入土后 10～15 天，原胚分化出子叶原始体。果针入土 30 天左右，胚芽主轴上已经分化出 1～2 片真叶。第一片真叶的小叶片原基出现时，分化出子叶节分枝原基，这时荚果迅速膨大，体积比子叶分化时增加了 10 倍之多。此时子叶腋分枝分化出鳞叶及真叶原始体，进而胚乳中的营养物质被吸收殆尽，游离核消失，转入种子迅速长大期。果针入土 35～50 天，荚果变硬，胚器官分化完成，具有发芽能力。

二、花生的生长发育

花生生育期很长，一般早熟品种 130 天以下，中熟品种 130～160 天，晚熟品种 160 天以上。整个生育期可分为营养生长阶段、营养生长与生殖生长阶段、生殖生长阶段，包括发芽出苗期、苗期、开花下针期、结荚期和饱果成熟期五个生育期。

（一）营养生长阶段

1. 发芽出苗期

花生播种后，种子首先吸水膨胀，内部的养分代谢活动增强，胚根随即突破种皮，露出白嫩的根尖，此过程叫种子“露白”。种子露白后胚根与胚轴连接处开始“肿大”，此后胚根开始伸长。当胚根向下延伸到 8 cm 左右，胚根上有一级次生根出现时，胚轴便迅速向上伸长，顶着胚芽增长，将子叶和胚芽推向地表，此过程叫“顶土”，然后种皮破裂，子叶张开。当主茎伸长并有 1 片真叶展开时叫“出苗”。花生是子叶半出土作物，这就是栽培上“清棵蹲苗”的依据之一。

从播种到 50%的幼苗出土，主茎展现 1 片真叶为种子发芽出苗期。正常条件下，春播早熟品种需 10～15 天，中晚熟品种需 46～18 天，夏播需 4～10 天。

花生发芽出苗期根系生长迅速，一般播种后3～4天，胚根可长到2 cm左右；胚芽顶土时，主根长达8～9 cm；出苗时，主根可长达20～30 cm，侧根可达30条以上，最大侧根长达10 cm左右。在胚根生长的同时，下胚轴增粗并向上生长，将子叶及胚芽推向土表。

2. 苗期

自50%的幼苗出土，主茎展现2片真叶至50%的苗株始现花、主茎有7～8片真叶为幼苗期，正常条件下，早熟品种20～25天，中熟品种25～30天。此期根系迅速生长并分化大量花芽。

当第4个侧枝伸出，侧枝在主茎上排列成“十”字形时为团棵期。苗期根系生长较快，至始花时，主根可入土60 cm左右，具有百余条侧根，根重占最后重量的26%～45%，此后即转入2～3次根的发生。一般在主茎出现4～5片真叶时开始形成根瘤。苗期地上部生长缓慢，开花时主茎高6 cm左右。开花前已有100多个花芽在分化，这些花芽大部分可在始花后30天内开放。

（二）营养生长与生殖生长阶段

此阶段花生处在发棵长叶和开花结果最旺盛的时期，也是营养器官和生殖器官并行生长的阶段，包括开花下针期和结荚期。

1. 开花下针期

花生从开始开花前50%的植株出现幼果为开花下针期，一般需要25～35天，有时不足20天，夏播早熟花生甚至仅15天左右，但低温、长日照、弱光照、稀植和干旱均可使花期延长和结实延迟。生育期内，半数以上的叶片在本期形成，叶面积系数增至3左右或相当于最大值的50%～60%；主茎展现的真叶增加到12～14片，叶片加大，叶色转淡，光合作用增强。开花后营养生长加快，第一对侧枝上陆续分生2次分枝，并迅速生长，侧枝的生长量大于主茎，侧枝的顶端与主茎平齐生长，绝大多数各级分枝已经形成。开花后根系迅速增粗增重，大批的有效根瘤形成并发育，根瘤菌的固氮能力迅速增强，并开始对花生供应大量氮素营养。这时尚未封行，净光合生产率仍很高，每日每平方米可达8 g左右，光合产物大都用于营养器官，其中茎、叶约各占40%，根占10%。该时期一直处于盛花阶段，第一对侧枝8节以内的有效花芽全部开放，单株开花数达最高峰，花量可占总开花量的50%以上，形成的果针数可达总数的30%～50%，并约有50%的前期花形成了果针，20%的果针入土膨大为幼果，10%苗株的幼果形成定形果，是形成最终有效结果数的关键时期。期末，株高已接近收获时的一半。

2. 结荚期

自50%的植株始现幼果至50%的植株始现饱果为结荚期。早熟品种需40～45天，中晚熟品种需45～55天。此期为花生营养生长和生殖生长最旺盛的时期，根系的增长量、根瘤的增生量及固氮活动、主茎和侧枝的生长量及各对分枝的分生量、叶片的增长量等均达高峰。

正常条件下，这一时期大批果针陆续下针结实，开花数锐减，前期有效花形成的幼果多数结为荚果，60%～70%甚至90%的有效荚果均于此期内生成，约有10%的定型果籽粒充实为饱果，此期所形成的荚果约占单株总果数的80%，果重增长量占总量的40%～50%，几乎形成了半数以上的产量。

（三）生殖生长阶段

此阶段自50%的植株始现饱满荚果至收获期为饱果期，也称饱果成熟期，是荚果充实饱满、以生殖器官生长为主的阶段。单株饱果指数早熟品种达80%以上，中晚熟品种达50%以上；主茎鲜叶片保持在4～6片的时间，早熟品种为25～30天，中晚熟品种为35～40天。此期营养生长衰退，果重也由前阶段结荚期的直线增长趋于平缓，而油分的含量和质量则持续增高（表3-10）。

表3-10 花生各生育期生长情况

项目	营养生长阶段		营养生长与生殖生长阶段		生殖生长阶段
	发芽出苗期	苗期	开花下针期	结荚期	饱果期
标准	从播种到50%的幼苗出土、主茎展现2片真叶	50%的幼苗出土、展现2片真叶至50%的植株始现花	开始开花到50%的植株始现幼果	50%的植株始现幼果至50%的植株始现饱果	50%的植株始现饱满荚果至收获
天数	春:10～18天 夏:4～7天	春:20～35天	春:25～35天 夏:15天	春:40～55天	春:25～40天
主茎叶片数	0～2片	3～8片	12～16片	17～20片	大于20片
叶面积系数	小于1	小于1	3	5	

饱果期叶面积逐渐减少，下部老叶脱落，叶片的光合效能减弱，净光合生产率不断下降。茎叶生长停滞，营养器官的光合产物向荚果转移的速率加快，荚果重急剧增加。根的活力减退，根瘤菌停止固氮活动，并随着根瘤老化破裂而回到土壤中，开始营腐生生活。随着成熟度的增进，种子含油量增加，游离脂肪酸和脂肪酸中亚油酸的含量下降，是产品质量迅速提高的时期。就单果而言，开花后 46 天种子的含油量约为 38%，酸值 9.87；至 60 天时，油分便可增至 48.5%，酸值降至 5.07。

此期气温低于 20 ℃，地上部的茎枝易枯衰，叶片易脱落，光合产物向荚果转移的功能期缩短。结实层的平均地温低于 18 ℃时荚果就停止发育，如果温度高于上述界限，营养体功能期延长，荚果产量显著增高。此期最适宜的土壤湿度为田间最大持水量的 40%～50%，高于或低于都会影响荚果充实。

三、花生对环境条件的要求

（一）土壤条件

1. 土壤质地

花生是地上开花地下结实的作物，以耕作层疏松、活土层深厚的沙壤土最为适宜。花生根系在土壤中分布较浅，吸收力强，又有根瘤共生，因此花生对土壤条件的要求不甚严格。但以通气透水性良好为准，昼夜温差大，下层蓄水保肥力强，热容量高，使土壤中水、肥、气、热得到协调统一，既有利于花生生长和荚果发育，又利于根瘤菌的旺盛活动，所产生的荚果脉纹浅平、壳面光滑，荚果较大。在沙性较大的瘠薄地上种植也有一定的收获，但是由于保水保肥能力差，如不加以改良则难以丰产；黏质土通气性差，渗水力弱，表土容易板结，若加以改良或采取地膜覆盖栽培，增产潜力很大。

2. 土壤酸碱度

种植花生的土壤，酸碱度（pH）以 6.0～6.5 的微酸性土壤最为适宜，保持或调节土壤 pH 到适合花生生长的范围内，是确保花生正常生长和养分有效的关键。

（1）pH 与主要养分有效性　据研究，对花生生产具有重要意义的氮、磷、钾、钙、钼等营养元素的有效性，是在 pH 为 6.5～7.5 为好。花生栽培的极限 pH 可降低到 4，但需要施用氰氨化钙和有机肥才能结实良好；在陕北黄土高原，pH 达到 9 以上，花生每亩仍能产 300 kg。

（2）pH 对花生根瘤菌固氮活动的影响　花生根瘤菌固氮活动的适宜 pH 为 5.8～6.2。若土壤酸性下降，则花生根瘤菌的数量减少，固氮能力下降，引起后期氮素供应不足，造成花生早衰，严重影响花生的产量。

3. 土壤盐分

花生耐盐力差，不适宜在盐碱地上种植。据试验，在浓度为 0.5% 的 NaCl 溶液中，花生种子的发芽率只有 35%，是 9 种供试作物种子中耐盐性最差的。

4. 土壤有机质

土壤有机质是花生碳素营养的源泉，光合作用中所吸收的二氧化碳主要来自大气，土壤有机质分解所产生的二氧化碳，是土壤补充二氧化碳的重要来源。另一方面，有机质含有植物所需要的多种养分，是花生养分的重要来源。土壤中的氮素主要来自土壤有机质，这些有机质一部分经过矿化作用，释放出植物可以吸收的氮素，另一部分经过分解及合成作用，进而转化成其他有机质贮存在土壤中。土壤中的磷，一方面含磷有机质分解释放出植物可吸收的磷；另一方面有机质是一种络合剂，能与难溶性的磷酸盐的盐基进行络合作用，从而提高磷的可溶性；腐殖质胶体在二、三氧化物表面形成保护膜，减少了磷酸盐的固结，提高了磷的有效性。土壤中的钾以矿物质钾为主，是花生钾素营养的重要来源。

5. 土壤微生物

土壤的形成是从岩石风化物上孕育着生物的时候开始的，而土壤中最原始的生物就是微生物，由于它们大量繁殖而积累了有机质，有机质的合成是在微生物的作用下进行的，微生物是有机质合成的先锋，微生物分解有机质释放养分，为植物生长创造了条件。

微生物具有转化作用，土壤中的二氧化碳，其中有 80%～85% 是微生物分解有机质产生的。土壤中氮素存在的形式主要是含氮有机物，花生不能吸收利用，要靠微生物的作用，将有机态的氮转化为无机态的氮；土壤中硫、磷、铁和钾等元素，也是在微生物的作用下，转化为能吸收的形态。

微生物还具有代谢产物的作用，在生命活动中产生维生素、生长素、氨基酸等物质，能被植物直接吸收利用，促进和刺激花生生长。土壤微生物产生的各种酶直接影响土壤有机胶体的质量和数量，从而对土壤肥力产生深刻影响。

（二）矿物营养

花生生长发育过程中，需要碳、氢、氧、氮、磷、钾、钙、镁、硫、硼、钼、铁、锌、锰、铜、氯16种元素。

1. 大量元素

氮、磷、钾吸收量较大，为大量元素。每生产100 kg荚果，需吸收氮5～7 kg，五氧化二磷1～1.5 kg，氧化钾3～4 kg。所吸收的氮1/2～2/3来自根瘤菌固氮，1/3～1/2来自土壤和施肥。

2. 中量元素

（1）钙　钙是细胞的必需物质，缺钙时细胞壁不能合成，影响细胞分裂和新细胞生成。钙对碳水化合物转化和氮素代谢有良好作用，钙充足时有利于花生对硝态氮的吸收利用，缺钙时花生只能利用铵态氮。

（2）镁　镁是绿色作物不可缺少的元素，是叶绿素的组成成分；是许多酶的活化剂，能加强酶的催化作用，有助于促进碳水化合物的代谢；镁参与脂肪代谢，能促进维生素A和维生素C的合成，有利于提高花生品质。镁在植物体内的移动性很强，可向新生组织中转移，一般在幼嫩组织中含量较多，是可以再利用的养分之一。

（3）硫　硫是构成蛋白质的重要元素，花生种子含有28%左右的蛋白质。硫能刺激根瘤的生成，缺硫时结瘤少，但如果过多也抑制结瘤。硫可以改善花生对氮和磷的吸收，也能增加种子的含油量。

3. 微量元素

（1）硼　硼能促进碳水化合物的运转，也能促进生长素的运转；硼能促进生殖器官正常发育，花器官含硼量较高，其中柱头和子房最高，能刺激花粉萌发和花粉管伸长，有利于受精结实；硼有利于蛋白质的合成和花生固氮。

土壤有效硼含量低于1 mg/kg为缺硼，低于0.5 mg/kg为严重缺硼。花生缺硼时根尖停止生长，叶片厚实呈褐色，茎生长点枯死矮小，花少针少，荚空心，籽仁不饱满。

（2）钼　钼是硝酸还原酶的组成成分之一，而花生吸收的硝酸态氮必须在硝酸还原酶的作用下还原，转变为氨才能被同化。钼能促进花生根瘤的固氮作用和增进叶片光合作用的强度。土壤中有效钼含量低于 2 mg/kg 就应补施钼肥。缺钼硝态氮积累、氮素同化受到抑制，呈现植株矮小，叶片失绿，生长缓慢，甚至叶片枯萎，以致坏死；根瘤少而小，固氮能力减弱。

（3）锌　锌是植物体内许多酶的组成成分，对光合反应等许多代谢过程有影响；能促进花生生长素的合成，对蛋白质的合成有明显的促进作用；能促进碳水化合物的转化和籽仁产量、质量的提高。锌素充足，生长旺盛，叶面积系数明显增大。花生缺锌，茎枝节间缩短，叶片小而簇生，叶色黄白，出现黄白小叶症。

（4）铁　铁为合成叶绿素不可缺少的营养元素，是与呼吸有关的细胞色素氧化酶、过氧化酶的组成成分，能把三价铁还原成二价铁，参与植物体内氧化还原过程；由于铁的活性小，属于不移动元素，老组织中的铁不能再被新生组织利用。因此，土壤中有效铁缺乏、根系不能及时吸收到铁时，植株下部的老叶片保持绿色，顶部新生嫩叶出现失绿症，新生叶片呈现黄白色。土壤有效铁低于 4.5 mg/kg 可以认为缺铁。土壤 pH 越高，铁的溶解度越低；碳酸钙含量高的土壤容易缺铁。我国湖洼地区砂姜黑土、黄泛平原潮土及黄土高原的黄绵土等缺铁严重。

（5）硅　现在被国际土壤界列为继氮、磷、钾之后的第四大营养元素。硅具有的作用：①改良土壤，矫正土壤酸碱度，促进有机肥分解，抑制土壤病菌。②保健性营养元素，能改善作物品质。③使作物茎叶挺直，可提高光合作用。④可使作物表皮细胞硅质化，体内形成硅化细胞，茎叶表层的细胞壁加厚，角质层增加，从而提高防虫抗病能力，特别是叶斑病、茎腐病、锈病等。⑤可提高作物抗逆性，抗倒伏的能力 80%左右；提高作物抗旱、抗干热风和抵抗低温灾害的能力。⑥硅可减少磷在土壤中的固定，施硅肥能活化土壤中的难溶性磷，促使磷在作物体内运转，从而提高结实率（表 3-11 至表 3-13）。

表 3-11　土壤养分分级标准（国标）

级别	1 级	2 级	3 级	4 级	5 级	6 级
养分标准	很丰富	丰富	中等	缺乏	很缺乏	极度缺乏
pH 标准	强酸	酸性	微酸性	中性	碱性	强碱性
容重标准	过松	适宜	偏紧	紧实	过紧实	坚硬

表 3-12　土壤性质与常规元素养分分级指标（国标）

等级	pH	有机质/%	全氮/%	速效磷/(mg/kg)	速效钾/(mg/kg)	有效钙/(mg/kg)	有效镁/(mg/kg)	硫/(mg/kg)
1	≤4.5	>4	>0.2	>20	>200	>1 000	>300	>30
2	4.6～5.5	3.01～4.00	0.151～0.200	16～20	151～200	701～1 000	201～299	16～30
3	5.6～6.5	2.01～3.00	0.101～0.150	11～15	101～150	501～700	101～200	≤16
4	6.6～7.5	1.01～2.00	0.076～0.100	6～10	51～100	301～500	51～100	
5	7.6～8.5	0.61～1.00	0.051～0.075	4～5	31～50	≤300	≤50	
6	8.5～9.0	≤0.6	≤0.05	≤3	≤30			

表 3-13　土壤容重与微量元素养分分级指标（国标）　mg/kg

等级	容重	有效铜	有效锌	有效铁	有效锰	有效钼	有效硼
1	≤1	>1.8	>3.00	>20	>30	>0.3	>2
2	1.01～1.25	1.01～1.80	1.01～3.00	10.1～20.0	15.1～30	0.21～0.30	1.01～2.00
3	1.26～1.35	0.21～1.00	0.51～1.00	4.6～10.0	5.1～15.0	0.16～0.20	0.51～1.00
4	1.36～1.45	0.11～1.2	0.31～0.50	2.6～4.5	1.1～5.0	0.11～0.15	0.21～0.05
5	1.46～1.55	/	≤0.3	/	/	≤0.1	≤0.2

（三）气候条件

1. 温度要求

（1）出苗期　花生种子发芽最适的温度是 25～27 ℃，低于 10 ℃或高于 46 ℃有些品种就不能发芽。花生春播要求地表 5 cm 处平均地温的最低适温是：早熟品种稳定在 12 ℃以上，中晚熟品种稳定 15 ℃以上。

（2）苗期　花生幼苗期最适宜茎枝分生和叶片生长的气温为 20～22 ℃，平均气温超过 25 ℃可使苗期缩短、茎枝徒长、基节拉长，不利于蹲苗。平均气温低于 19 ℃时，茎枝分生缓慢，花芽分化慢，始花期推迟，形成“小老苗”。

（3）花针期　花针期最适宜的日平均气温为22～28 ℃，低于20 ℃或高于30 ℃开花量明显降低，低于18 ℃或高于35 ℃花粉粒不能发芽，花粉管不伸长，胚珠不能受精或受精不完全，叶片的光合效率显著降低。

（4）荚果发育期　荚果发育的适宜温度为25～33 ℃，15 ℃以下或高于37 ℃不利于荚果发育。据研究，果针入土后21～40天的温度与产量显著相关，荚果发育过程中呼吸旺盛，40 ℃内每增高10 ℃呼吸增强1倍，最大呼吸强度发生在42 ℃左右。

2. 需水特性

（1）播种期需水　花生播种时需要的适宜土壤含水量，为田间最大持水量的50%～60%，高于70%或低于40%花生都不能正常发芽出苗。因此，北方干旱地区，花生播种前要耙耢保墒和提墒造墒；南方多雨地区，多采取起垄或深沟窄厢种植。

（2）幼苗期需水　花生幼苗期植株需水量少，占全生育期需水总量的4%左右。适当的干旱有利于根系下扎，形成茎节短密的壮苗。出苗时适宜的土壤含水量为田间最大持水量的45%～55%，低于35%时新叶不展现，花芽分化受抑制，始花期推迟；高于65%时，易引起茎枝徒长，茎节拉长，根系发育慢、扎得浅，不利于花器官的形成。

（3）开花下针期需水　花生开花下针期是营养生长与生殖生长并进时期，需水量逐渐增多，耗水量占全期耗水量的22%左右，最适宜的土壤水分为田间最大持水量的60%～70%，根系和茎枝得以正常生长，开花增多。若土壤水分低于田间最大持水量的40%，叶片停止生长，果针伸展缓慢，茎枝基部节位的果针也因土壤硬结而不能入土，入土的果针也停止膨大。如果土壤含水量大于田间最大持水量的80%，茎叶徒长，根瘤的增生和固氮活动锐减。空气相对湿度对开花下针也有很大影响，当空气相对湿度达100%时，果针伸长量日平均为0.62～0.93 cm；空气相对湿度降至60%时，果针伸长量日平均仅为0.2 cm；空气相对湿度低于50%时，花粉粒干枯，受精率明显降低。

（4）结荚期需水　花生耗水强度最大的时期为结荚期，日耗水量可达到5 mm，其间田间最大持水量宜为70%～80%，低于60%即影响结实。开花后的50天内，荚果陆续成长阶段对土壤干旱最敏感。若水分过多，则会使营养生长过旺，而田间渍水对叶片和分枝的增长都起到抑制作用，叶绿素显著减少，净同化率下降，开花减少。成熟期渍水对油分的合成不利，种子含油量显著下降。

（四）空气要求

花生种子发芽出苗期间呼吸代谢旺盛，需氧量较多，而且从种子发芽到出苗需氧量逐渐增多。土壤水分过多、土壤板结或播种过深引起窒息，都会造成烂种而影响全苗壮苗。在生产上播种前浅耕细耙保墒，播后遇大雨排水划锄松土，都是为了创造花生种子发芽出苗所需要的氧气条件。

（五）光照要求

花生原产于热带、亚热带地区，属于短日照作物。在适宜的温度条件下，每日给以 10 h 的光照，可以较 14 h 提前开花。花生对日照长度不敏感，每天 6～24 h 都能开花。每日最适的日照时数为 8～10 h，日照时数多于 10 h，茎枝徒长，花期推迟，少于 6 h，茎枝生长迟缓，花期提前。

光照强度对花生的生长影响明显，光照充分可以使侧茎顶端产生更多乙烯，从而使其生长更趋于直立，长出的叶片较大，植株较高；光照不足时，干物质积累减弱，开花量减少，固氮菌的固氮能力降低，影响荚果及种子产量。

花的开放对光照强度更敏感，早晨或阴雨天光照强度少于 815 万 cd/m^2 时开花时间推迟。光照强度在 2.1 万～6.2 万 cd/m^2 的幅度内，叶片的光合效率随光照强度的增加而提高，大于 6.2 万 cd/m^2 时光合效率有所降低。花生要求的光照强度变幅较大，最适的光照强度为 5.1 万 cd/m^2，小于 1.02 万 cd/m^2 或大于 8.2 万 cd/m^2 都影响叶片的光合效率。

第三节 花生栽培技术

一、选地与整地

（一）选地

按绿色食品或无公害食品生产标准要求，选好花生产地。产地要远离城区、工矿区、交通主干线、工业污染源、生活垃圾场等。基地周边 2 000 m 以内无污染源；基地距主干公路 100 m 以上；土壤肥沃，排灌条件良好；土壤未长期施用含有有害物质的工业废渣。初选合格后，应对基地的环境进行检测，土壤中农药、有毒物质、重金属、硝酸盐及亚硝酸盐含量应低于允许标准；基地的大气、土壤、灌溉水等的具体要求，应符合无公害绿色食品或无公害食品产地环境条件标准，并符合《高标准农田建设标准》。

花生生产基地的生态条件是：全生育期日平均气温≥21 ℃，总活动积温≥3 200 ℃，≥15 ℃的有效积温 1 100 ℃。总日照时数为 1 136～1 281 h，平均日照时数为 8.0～8.2 h。土壤质地为沙质壤土，花生荚果结实层疏松，耕作层松软，干时不散不板，湿时不黏不澥，通透性良好，肥水充足。

绿色食品花生环境条件，按《绿色食品产地环境质量》（NY/T 391—2013）要求。

无公害食品花生环境条件，按《无公害农产品种植业产地环境条件》（NY/T 5010—2016）的要求。

（二）整地

春播花生应在秋冬季作物收获后，春雨来临之前进行；夏播花生应在前茬作物收获后立即进行，以免延误整地时间和影响整地质量。为了利于花生根群发育和果针入土以及提高土壤的保水保肥性能，整地时应深耕细耙，耕深 25 cm 左右，使土层深厚而疏松，达到平整、疏松、细碎、湿润。为了加厚耕作层，便于排灌和农事操作以及提高土温和增加通风透光，南方地区宜实行开沟起垄或深沟窄厢种植，北方地区实行畦作。

丘陵山区坡地，采取等高程水平线种植；偏酸或偏碱性土壤，用石灰或石膏调整土壤酸碱度等方法改良土壤。

二、选种与播种

（一）选用优良品种

根据全国农业技术推广服务中心统计，2019 年全国花生主要品种推广情况，统计登记的品种 396 个，其中推广面积比较大的品种有山花 9 号、豫花 23 号、豫花 37 号、山花 7 号、濮花 28 号、花育 23 号、白沙 1016、远杂 9102、开农 71 号、花育 22 号、扶余四粒红、花育 25 号、宛花 2 号、商花 5 号、开农 1715、远杂 9307、山花 8 号、仲恺花 1 号、豫花 9326、鲁花 8 号、豫花 22 号、粤油 7 号、豫花 9502 等品种。

湖北省推广面积较大的品种有：远杂 9102、中花 8 号、中花 21 号、中花 16 号、鄂花 6 号、中花 10 号、中花 5 号、鲁花 18 号、中花 25 号、华育 9812 等品种。

（二）适期规范播种

1. 种子准备

（1）播前晒种　晒种可使种子含水量减少并趋于一致，增强种皮透性，提高细胞渗透压，促使其吸水快、发芽迅速、出苗整齐。同时具有杀菌消毒作用。通常在播种前带壳晒 1～2 天，并注意不宜在水泥地或石板地上晒种，以免高温损伤种子。晒种时要经常翻动，使其晒得均匀一致。

（2）剥壳选种　剥壳不宜过早，否则种子失去果壳的保护易吸湿，增强呼吸作用和酶的活动，消耗养分，降低生活力。剥壳时间应尽量接近播种时间，最好是剥后当天或翌日播种。

剥壳前最好进行荚选，挑选饱满的双仁果作种。剥壳时进行粒选，选择充实饱满、颜色鲜亮、发芽力强的种子，剔除霉烂、已发芽或破碎的籽粒，然后分级播种。

（3）药剂拌种　播种时用种子量 0.3％的多菌灵，或 70％甲基托布津可湿性粉剂，或 40％拌种双可湿性粉剂等拌种，可有效防治茎腐、根腐、冠腐病等烂根死苗；用70%高巧（吡虫啉）湿拌种剂、阿维·毒死蜱微胶囊缓释剂拌种，可防治苗期地下害虫和蚜虫；35%辛硫磷微胶囊剂1∶50拌种，能有效控制地下害虫的发生与危害。

种衣剂包衣，可以杀菌、治虫、提高种子活力，避免或减轻不利环境的影响，有利于花生齐苗、苗全、苗壮，促进早发。可选用2.5%咯菌腈种衣剂600～800 g、21%复方咯菌腈（适乐时）种衣剂200 mL、18%辛硫·福美双1 666～2 500 g、25%噻虫·咯·霜灵345～805 g、25%多·福·毒死蜱1 668～2 000 g、70%阿克泰75 g+2.5%咯菌腈200 mL、2.5%咯菌腈400 mL+35%精甲霜灵50 mL、灭菌唑60 mL等拌100 kg种子。种衣剂的使用最好在播种的前一天进行包衣，或上午包衣下午播种，以便晾干种子表面。种衣剂包衣的种子发芽速度减慢，要选用生命力强、发芽率高的种子，以免浪费药剂和种子。种衣剂内含有警戒色，表明含有剧毒物质，在操作时要格外注意，并要妥善处理用具。

（4）根瘤菌剂拌种　根瘤菌剂是一种生物制剂，通过根瘤菌剂拌种，增加花生根瘤数目，提高固氮能力，在从未种过花生的地上应用效果更好。据多年多点试验，施用根瘤菌剂比不施的增产12.8%。

目前的根瘤菌剂有粉剂和液剂两种，每亩用量粉剂为1 500 g，液剂为50 g，每克菌剂含活菌在2亿个以上。使用时先向菌剂中加入适量清水混匀，然后倒在所需拌的种子上，混拌均匀，使每粒花生种子都黏着菌剂。做到随拌随用，不要与农药、化肥、石灰等接触，以免杀死根瘤菌；播种时用湿布盖种，以防风吹日晒，影响根瘤菌活力；播后要及时盖好土，防止根瘤菌的活力降低。

根瘤菌为活的生物制剂，购买后使用前不要启封，应放置在阴凉黑暗处保存，有效期半年，购买使用时一定要注意生产日期。根瘤菌剂可与钼酸铵同时拌种，但不能与杀菌剂共同使用。

（5）保水剂拌种　花生保水剂是一种高分子吸水性树脂，是一种优良的保水材料，可吸收种子自身重量数倍的水分，旱薄地使用，一般可增产10%左右。使用时可先湿润花生种子，按每亩130～260 g保水剂均匀撒在种子表面，然后拌匀；或者进行种子涂层，用量为每亩100～130 g，再量取适量清水，将保水剂慢慢加入水中，边加边搅拌，使保水剂很快吸水膨胀，直至水和保水剂均匀混合成糊状，然后将花生种子边倒入边搅拌，拌匀后摊薄晾干，以备播种。

（6）抗旱剂拌种　目前我国推广应用的主要是抗旱剂1号，其主要化学成分是黄腐酸。一般药剂用量为种子量的0.5%，加水量为种子量的10%，先用少量温水将抗旱剂1号调成糨糊状，再加清水至定量，不断搅拌使其完全溶解，倒入花生种子拌匀，堆闷1～4 h即可播种。如果不立即播种，要将种子晾干。

2. 土壤处理

（1）喷施除草剂　播种前土壤处理，常用的除草剂主要有48%氟乐灵水乳剂、每亩1.5～2.2 L，70%灭草猛水乳剂200 mL、88.5%灭草猛乳剂180 mL、48%氟乐灵水乳剂70 mL+70%灭草猛水乳剂100 mL、90%双苯酰草胺可湿性粉剂300 g、50%扑草净可湿性粉剂100 g，兑水喷施防除杂草。

（2）防治土壤病虫

①防治花生根结线虫病。可选用5%阿维菌素、80%灭线虫（二氯异丙醚类杀线虫剂）、线虫必克微粒剂（有效活孢子数≥5亿个/g）、3%线虫绝杀、10%噻唑磷颗粒剂等，开沟条施，或加适量细土混匀后施入播种穴附近，要注意与种子隔离。

②防治地下害虫。选用10%辛硫磷颗粒剂、15%毒死蜱颗粒剂、10%二嗪磷颗粒剂等按有效用量拌毒土盖种；或48%毒死蜱缓释颗粒剂15 kg拌细土225 kg/hm^2，均匀撒于播种沟内；或30%毒死蜱微囊悬浮剂7.5 kg兑水600 kg，喷施于播种穴；或每公顷用48%毒死蜱乳油7 500 mL拌细土450 kg撒施，可有效防治蛴螬及金针虫等地下害虫，同时对苗期蚜虫、蓟马等也有较好的兼治作用，但对天敌的影响较小。

（三）花生播种

1. 适期播种

春播花生发芽出苗的低限温度，要求5 cm平均地温稳定在15 ℃以上，中熟大花生品种即可播种；而以地温稳定在16～18 ℃时，出苗快而整齐。早熟小花生品种，可在5 cm地温稳定在12 ℃以上时播种，以地温稳定在13～15 ℃时，出苗快而整齐。播种时土壤的适宜湿度，要求5 cm播种层土壤含水量占田间最大持水量的50%～60%。长江中、下游地区，春播适宜时期在4月上旬，长江以南地区2月下旬至3月下旬；黄淮海地区在4月中下旬，东北地区4月下旬至5月上旬。夏播花生，前茬作物油菜、蚕（豌）豆、马铃薯、小麦等收获后，可立即整地播种。

2. 合理密植

合理密植能充分利用光能，可增加有效结果枝数，有助于提高群体荚果饱满度。合理密植要掌握好品种特性、栽培条件、气象因素等，确定当地种植方式与播种密度。

春播密枝丛生品种每亩适宜密度为1.33万～1.5万株，疏枝中熟丛生大花生为1.5万～1.8万株，珍珠豆型早熟品种1.8万～2万株。地膜覆盖栽培、地力比较肥沃的宜取下限，露地栽培、地力较差的取上限。南方降雨量多，推广深沟窄厢或起垄种植，便于排渍；北方降雨量少，比较干旱的地方，推广畦种，便于灌溉。

3. 花生播种机械化

（1）花生播种机械化发展历程　自20世纪90年代中期以来，由单一的扶垄器、播种机、覆膜机，逐步发展到花生覆膜播种联合作业机械的开发应用，将花生覆膜种植中的筑垄、施肥、播种、覆土、镇压、喷施除草剂、展膜、膜上筑土带等农艺技术一次作业完成。花生播种铺膜机与小型拖拉机配套使用，是一种复式作业机械，结构紧凑合理、功能齐全，大大减少了播种环节，具有联合作业高效的明显优势。

（2）花生播种机械化技术要求　花生播种最基本的要求是定行、定穴、定粒、定深度，我国绝大部分花生产区一般每穴双粒。花生栽培种植方式主要有平作、单垄和双垄覆膜三种方式，种子有大、中、小粒，对花生播种机械的总体要求是：起垄大小、高低要规范一致；播种深浅一致，一般（5±1）cm；双粒率≥75%，穴粒合格率≥95%，空穴率≤2.0；不伤种皮、胚根，破伤率≤1%；播后镇压轻重适度，保持土壤表面平整无土堡；覆膜要拉紧、拉平、压严实。

（3）花生播种机主要机型　我国研制和应用的花生播种机机型较多，主要包括人畜力播种机、机引播种机、覆膜机、播种覆膜联合作业机等。①播种覆膜，有2BFD-2C型、2BFD-2SC型；②覆膜播种机，有Hz-HS07A型；

③播种覆膜联合作业机，有 2BFD2-270-3B 型、2BFD2-270-5B 型、2BJHM-4 型、2BMHF-4 型、SGTN-4 型等。

三、花生田间管理

花生具有无限开花结实的习性，开花期和结荚期较长，而且开花、下针和结实在连续不断地交错进行，与其他作物相比，花生生育期划分存在一定困难，很难截然分开。目前，一般把种子萌发出苗期、幼苗期称为苗期或前期，开花下针和结荚期称为中期，饱果成熟期称为后期。

（一）苗期田间管理

1. 苗全苗壮要求

花生出苗齐、全、匀、壮，是实现创建高产群体结构的基础。全苗才能确保单位面积内有足够的株数，壮苗才能构建成花生个体内部生育协调、群体植株生长稳健的高产群体结构。

全苗一般是指花生高产田实播粒数与出苗株数和实收株数比较接近，出苗数要占实播粒数的 99%，实收株数占实播粒数的 98%以上。既要全苗，还要齐苗，齐苗是出苗时间整齐一致，要求花生始苗后 3 天内出苗株率达 95%以上，缩小苗株之间在生长发育期上的差距，为壮苗创造条件。壮苗是幼苗形态上表现壮而不旺，根深叶茂，株矮茎粗，枝多节密；在生理上表现为第一对侧枝早生快发，花芽分化早而集中；生态条件表现为吸收水肥能力强，光合效率高。苗匀是苗株大小高矮一致，无弱苗。弱苗是由于种子分级粒选不严、播种过深过浅或苗期病虫害等原因造成的生长不良、发育不全的晚苗、小苗和病苗。花生高产田弱苗株率不应超过 5%，要求出苗均匀一致，幼苗高矮大小强弱差异小，保证群体植株都有较高的均衡生产能力。

2. 花生苗期长势

（1）个体长势长相　花生幼苗期的高产长相是叶浓棵壮不过旺，五枝六杈花芽藏；主根深扎根群发，茎粗节密早花放。

（2）群体生长指标　到苗期末，生长健壮的花生苗一般主茎高 6～7 cm，侧枝长 7～8 cm；主茎第一、第二对侧枝着生的茎基节间距小于 1.5 cm，主茎与侧枝日生长量分别为 0.26 cm 和 0.4 cm 左右，株型指数大于 1。第三对侧枝有一个枝分生，总分枝 6 个以上。花芽大量分化，1 株花生形成 60～100 个花芽。第一对侧枝 5～7 节内的前期有效花芽完全分化，基部节位的个别花序已现花。主根深扎 50～60 cm，根重占最后根重的 26%～40%。主茎叶 7～8 片，叶色浓绿。干物质积累量占全期总量的 8%左右。

3. 花生苗期管理

(1) 查苗补种　花生播种后 10 天左右基本已经齐苗，由于受种子质量、播种质量、土壤墒情等影响，以及鸟、兽、虫、病害等原因，难免会出现缺苗，应在播种后 10 天左右进行田间查苗，发现缺苗断垅，及时催芽补种，方法是把原播种在土壤中未发芽的种子挖出，再播已催芽的新种子，然后用潮湿的新土覆盖，轻轻拍实即可。田间干旱的情况下，要先浇点水后补种，将种子的子叶朝上或平放在穴内，盖好土。一般春播花生在播种后 10～15 天补种，夏播花生在播种后 8～12 天补种。

(2) 清棵蹲苗　花生清棵蹲苗是露地栽培苗期管理的一项重要措施。根据花生子叶不易出土和半出土的特性，在基本齐苗时，用小锄把花生幼苗基部周围的土扒开，形成一个小窝，使 2 片子叶和胚芽露出土外，接受阳光照射，改变花生基部湿、冷的小气候，促进幼苗生长健壮，第一对侧枝着生的二次分枝早生快发。也使花芽分化早而集中，开花下针多而齐，结实率和饱果率增高；蹲苗还能促进根系发育，增强抗旱吸肥能力；减少根际杂草、蚜虫危害。清棵时应注意两点：一是不要损伤或碰掉子叶，以免影响第一对侧枝的发育，碰掉子叶的一边侧枝缺少营养，就会生长短而细弱，开花结果减少；二是不论播种深、浅都要清棵。

花生中耕时间，在清棵后需经过一段蹲苗时间，使第一对侧枝和二次分枝得到健壮发育后中耕，才不致影响清棵的效果；一般在清棵后 15～20 天，花生茎枝基部节间由紫变绿，待二次分枝分生后，再进行第二次中耕为宜。

蹲苗，一般在幼苗 4 片真叶时进行，是幼苗期控制肥水、抑制地上部生长、促进根系下扎、以利于形成矮壮苗的有力措施，以干旱又不影响幼苗的正常生理活动为度，生长瘦弱的幼苗不宜进行。

(3) 看苗追肥　花生苗期容易出现缺氮症状，由于根系尚不能固氮，吸收能力又弱，土壤缺氮问题就容易显现出来，通常把这个时期称为花生氮肥的“饥饿”期。因此，应及时追施提苗肥。一般在底肥不足、苗期生长瘦弱时，应及早追施速效化肥。可每亩追施尿素 10～15 kg，或花生专用复合肥 30 kg。距离花生棵 7～10 cm 处开沟条施，或打洞穴施，施肥后用土封严。

追肥时间一般在始花前 10 天（花芽分化盛期），尤其是夏播花生，为了培育壮苗，提高花芽分化的质量，增加花芽分化的数量，促使花多花齐和有利于根瘤的发育，必须重施苗肥，及时补充养分。发现缺素症状，及时选用对应的微量元素，进行叶面喷肥。

（4）中耕除草　花生正常生育，要求土层通透性良好，水、肥、气、热诸因素供应协调。中耕可有效保持表土层疏松、保蓄水分，减少杂草危害等多种作用。露地栽培的春花生，一般在封行前中耕除草 2～3 次，封行后拔除大草 1～2 次。第一次中耕在花生齐苗后清棵之前进行，深锄破除土壤板结，促进根系下扎；第二次在清棵后 15～20 天，浅锄刮净杂草，尽量使植株茎枝基部少掩土，保持清棵蹲苗环境；第三次在培土前，此时正是花生单株盛花期，群体接近封行，大批果针入土结实之前，宜深锄、细锄，但不要松动入土果针和碰伤果枝，为后面的培土迎针打好基础。

（5）防治病虫草害

1）虫害防治　苗期虫害主要有地下害虫（地老虎、蛴螬）、蚜虫、蓟马和叶螨。重点防治蚜虫，出苗后 20～30 天及时防治蚜虫，减轻各种病毒病的传播危害。还可以利用瓢虫、草蛉、食蚜蝇等蚜虫的天敌灭蚜，瓢虫与蚜虫的比例 1∶100 左右时，蚜虫危害可以得到有效控制。实行麦田与花生田插花种植，可以增加瓢虫数量，有利于减轻蚜虫危害。在花生田周围种植芝麻等蜜源植物，有利于蛴螬的天敌臀沟土蜂的保护利用。

防治叶螨用 15％哒螨灵乳油 2 500 倍液或 73％克螨特乳油 1 000 倍液、1.8％阿维菌素乳油 3 000 倍液叶面喷雾，对若螨、成螨及螨卵均有防治效果。

2）病害防治　花生苗期病害主要有青枯病、根腐病、茎腐病、纹枯病和病毒病，重点防治病毒病。在防治好蚜虫的基础上，发现病毒病的种传病苗要及时拔除，带出田外销毁。

3）化学除草

①播后苗前化学除草。以禾本科杂草为优势种群的地块，每亩可分别选用 72％异丙草胺乳油 120～150 mL，或 72％异丙甲草胺（都尔、杜尔）乳油 120～150 mL，或 96％精异丙甲草胺乳油 60～80 mL；以阔叶杂草为优势种

群的地块，每亩可选用25%噁草酮乳油100～150 mL，或50%丙炔氟草胺可湿性粉剂8～12 g，或50%扑草净可湿性粉剂100～150 g；对禾本科及阔叶杂草均较多的地块，每亩可选用45%扑·乙乳油150～200 mL，或36%噁酮·乙草胺乳油200 mL，或50%异松·乙草胺乳油70 mL，或40%氧氟·乙草胺乳油100～120 mL，或50%噻磺·乙草胺乳油80～100 mL，均加水50～60 kg，均匀喷雾地面。

②出苗后化学除草。花生苗3～5叶期，杂草2～3叶期，茎叶均匀喷雾，使用车载喷雾机械喷施除草剂兑水量30 kg/亩，使用人工背负式喷雾器兑水量40 kg/亩。

防除一年生禾本科杂草，每亩可选用5%精喹禾灵乳油70 mL，或15%精吡氟禾草灵乳油60 mL，或10.8%高效氟吡甲禾灵乳油30～40 mL，或12%烯草酮乳油30～40 mL；防除一年生阔叶杂草，每亩可选用21.4%三氟羧草醚水剂60～80 mL，或48%灭草松水剂150～200 mL，或24%乳氟禾草灵乳油15～20 mL，或25%氟磺胺草醚水剂50～60 mL；防除禾本科及阔叶两类杂草，每亩可选用10.8%乳氟·喹禾灵乳油50～60 mL，或7.5%氟草·喹禾灵乳油100～120 mL，以上除草剂均兑水50 kg喷施。

4. 花生苗期化学调控

(1) 促进生长剂 可选用赤霉素、三十烷醇、芸苔素内脂、萘乙吲丁(ABT生根粉)等。

1) 赤霉素 在中等偏下土壤肥力和不发苗的花生田，施用赤霉素可显著提高花生产量，一般增产率在10%左右。赤霉素使用方法主要是浸种和喷叶。

①浸种。在花生播种前将分级粒选的种子，先放入清水中浸泡2～3 h，赤霉素称取0.3～0.4 g加少量乙醇溶解后，倒入10 kg清水搅拌混匀，然后将浸泡过的种子，移到赤霉素液中浸泡1～2 h，捞起晾干后播种。

②赤霉素喷叶。在花生生长期间，叶面喷施，尤其是花期喷施效果最好。喷施浓度以30～40 g/kg为佳，喷施1～2次为宜。据试验，幼苗期喷施增产6.5%～11.5%；始花期喷施增产7.2%～16.3%，盛花期喷施增产8.2%～18.5%。

2) 芸苔素内脂 用量小，效果明显，适用于各类花生田，可作浸种和叶面喷施。浸种适宜浓度为0.01～0.1 mg/kg，叶面喷施适宜浓度为0.05～

0.1 mg/kg。叶面喷施宜在苗期至结荚期进行，每亩药液用量 40～50 kg。

（2）延缓生长剂　花生株高达到 30 cm 左右时，花生内源激素分泌失调，地上茎叶生长过旺，用于荚果发育的营养物质减少，容易过多地消耗光合产物，抑制荚果发育，影响花生幼果膨大，从而减少经济果数量，最终影响花生产量。因此，应根据花生植株的田间长势和气候特点，适时合理地进行化控，防止花生徒长和倒伏，促进光合产物向荚果分配，以提高经济果数量，增加百果重，提高花生产量。

生产中比较常用的化控剂为多效唑，但从生产实践看，多效唑用量过大，一是严重影响花生正常生长，荚果停止发育，果型变小，果壳增厚，若作拌种用，出苗延缓，生长势弱；二是施用过早，加重花生叶部病害，使叶片提前枯死、脱落，引起植株早衰；三是多效唑在土壤中残效期长，对后茬作物的生长会表现出抑制作用，因此，要科学使用。目前，在生产上还可选用壮饱安、花生矮丰、花生果宝等化控调节剂，都含有少量多效唑成分，经过复配加上增效剂，使用安全，不残留，控旺效果好。喷药宜在午后进行，6 h 内如果遇雨应重喷；喷药时加入少量的有机硅或黏着剂等，可增加药液的黏着力和叶片的吸收能力；喷药要喷在植株顶部生长点，一喷而过，不能重喷。

1）粉锈宁　在花生苗期叶面喷施，可以抑制地上部分茎枝伸长，有利于光合产物向荚果输送，增加果重。叶面喷施的适宜浓度为 200～300 mg/kg，于花生出苗后 10 天左右喷施；在花生盛花期喷施浓度 300～500 mg/kg。

2）吡啶醇　又称丰产醇。在花生播种前用 90％吡啶醇乳油 2～4 mL，兑水 18 L，制成药液浸种 2～3 h，晾干后播种；或在盛花期用 2 000 倍液喷雾。可使花生早出苗，提高出苗率，增加茎粗；可促进花生同化物和磷、氮营养物质向荚果运转和积累，促进根瘤菌数量增加，提高对氮和磷的吸收利用率；增加开花数、结实率和饱果率，增产效果显著。

3）花生矮丰饱　是根据花生生理特点研制而成的新型植物营养、杀菌、控旺调理剂，富含花生生长必需的多种营养元素，对花生主茎生长有明显的抑制作用，预防后期早衰，并能改变同化产物分配比，膨大果实，饱满荚果，增加双仁率可达 90％以上，改善品质，可增产 10％左右，还能有效防止采收时的落果现象，增加产量，提高采收率。

使用方法是：一袋药兑水 15～30 kg，喷施 1 亩，在盛花后至结荚初期，将药液搅拌均匀后叶面喷施，以傍晚喷施为宜，可以和中性或酸性农药混合使用。

（二）中期苗情与管理

1. 花生中期苗情长势诊断

（1）开花下针期的生长指标　此期已进入营养生长与生殖生长并进的阶段。其高产长相是：叶色转淡长势强，花齐针多入土忙；果针入土成幼果，叶片放大不徒长。主根深扎 80 cm 以上，第一对侧枝生长超过主茎，主茎高 20～27 cm；侧枝长 26～32 cm，株型指数 1.2～1.26，主茎与侧枝日生长量分别为 0.55～0.75 cm 和 0.75～0.95 cm。叶片增长量占全株最高叶片数的 50%以上，主茎有 14～16 片复叶。叶色转淡长势增强，叶面积系数 2.0～3.7，净同化率 0.4～7.6 g/（m^2·天）。单株开花量已占全株开花总量的 50%～60%，并有 50%的前期有效花形成果针，约 20%的果针入土膨大为幼果，约 10%的植株的幼果形成定形果。每亩干物质积累量 310～320 kg，干物质积累量已占全株全期总干物质量的 25%～27%。

（2）结荚期的生长指标　此期的高产形态长相是：侧枝下蹲始封行，荚果膨大籽粒双，秸棵生长盛期止，茎齐叶厚不倒秧。主根深扎 100 cm，主茎高 38～47 cm，有 18～22 片复叶。茎齐叶厚，侧枝封行，主茎与侧枝日生长量相对减缓，分别为 0.35～0.4 cm 和 0.36～0.42 cm。第一对侧枝长 44～50 cm，株型指数达 1.1～1.2。主茎、侧枝的生长量和各次各对侧枝分生及叶片的增长量均达高峰，叶面积和干物质积累均达一生最高值，大批入土果针形成荚果。此期形成的荚果占单株总数的 60%～90%，果重增长量占全期累积果重的 30%～50%，约有 10%苗株荚果已充实饱满。叶面积系数 4.5～5.5，净同化率 4.0～4.5 g/（m^2·天），总干物质累积量 600～840 kg，占全期累积总量的 65%～66%。

2. 花生中期田间管理

（1）培土迎针　在花生封行和大批果针入土之前，将垄行间的土培到垄顶的外缘，使垄的外缘加高，缩短高节果针入土的距离，增厚花生根系周围的土层，有利于果针入土结实，可扩大结实的范围，促进早结果，多结果，结果整齐、集中，提高结实率、饱果率和果重。

培土的适宜时间，宜在花生盛花期和封垄前，即基部个别果针入土，大量果针即将入土之际。

培土基本要求，培土高度5～6 cm，以不埋压分枝为宜。掌握培土不壅土的原则，做到“穿垄不伤针，培土不压枝”。培土后形成凹顶的垄部，不加深已入土果针的深度，使中下部果针基本同时入土，上部外围果针不易入土，荚果发育整齐。

(2) 适时追肥　对前期苗情长势较弱的要进行追肥，每亩根际追施尿素10 kg左右，过磷酸钙10～15 kg，并配合适量的钾肥。钙肥一般在盛花期，结合中耕施于根际附近。若新生叶片浅黄而小，叶脉失绿，可适当增加氮肥用量；如心叶黄白失绿时，每亩追施1.5～2.0 kg硫酸亚铁。

(3) 叶面喷肥　花生生长中期，植株常表现顶叶黄化缺铁症状，特别是石灰性冲积土，在多雨年份当土壤呈碱性反应时，花生会因有效铁吸收不足或受阻而叶片发黄，严重时失绿变白甚至枯死。喷施硫酸亚铁（黑矾）可使叶色转绿，恢复正常生长。喷施硫酸亚铁的浓度，应根据喷雾器的雾化程度而定，机动喷雾器雾化效能好，选用2%水释液，喷后4天叶色变绿，新叶不再发黄；雾化程度差的喷雾器，选用1.0%～1.5%的浓度，以免灼伤叶面。每亩用量100～150 g，兑水20～25 kg，10天喷一次，连喷2次。还可以喷洒0.5%黄腐酸铁、0.1%柠檬酸铁、0.3%尿素铁。缺锌土壤，可在苗期至始花期喷施0.3%硫酸锌、氨基酸锌600倍液或含锌量高的农药代森锌等。还可喷施0.2%的磷酸二氢钾、0.2%硼酸或0.3%硼砂，促进开花；喷施0.03%钼酸铵、0.2%钼酸钠，促进根瘤形成。

(4) 控制旺长　结荚期是花生群体植株生育最盛期，对肥水的需要量也是高峰期，水肥不足影响植株生育进程和荚果饱满。但土壤肥力基础较好和花针期水肥猛促，易引起植株徒长而过早封行，造成田间郁闭，叶面积下降，净同化率降低，果针高吊而针多不实和果多不饱。如在下针后期至结荚前期，株高超过40 cm，即为花生植株徒长。因比，花生高产栽培，及时喷施生长调节剂，控制旺长，促使花生稳健生长，提高品质。生产上常用的是多效唑和烯效唑。以前应用较多的比久，是一种严重的致癌物质，严禁在花生上施用。控制旺长防倒伏可选用烯效唑、壮饱安、缩节胺、调节磷、甲哌·氯胆、多唑·甲哌、矮壮·多效唑等。

1）烯效唑 能抑制茎枝生长，促进侧枝分化，增强光合作用，增加单株果数，提高饱果率，适用于肥水充足，花生植株生长旺盛的田块。适宜在开花下针期或结荚期喷施，浓度以 50～70 mg/kg 为宜，每亩叶面喷施 40～50 kg 药液，花针期喷施能提高单株结果数，结荚期喷施能增加饱果率，一般可增产 10％以上。

2）壮饱安 适用于各类花生，施用适期为花生下针后期至结荚前期，或主茎高度 35～40 cm 时，每亩用量 20 g 左右，兑水 30～40 kg，叶面喷施。如植株明显徒长，用量可略增加或施用 2 次，每亩总量不能超过 30 g，生长不良的可适当减少用量。壮饱安药效较缓，施用时可在药液加少量黏着剂，以利于药液黏着和叶片吸收。可与杀虫剂、杀菌剂和叶面肥料混合施用，但不宜作种子处理。

3）调节磷 又名蔓草腾，为植物生长抑制剂，只能通过植物茎叶吸收，根部基本不吸收，它能作用于植物分生组织、抑制细胞的分裂与伸长，破坏顶端优势，矮化株高。调节磷进入土壤后，可被土壤胶粒和有机质吸附或被土壤微生物分解，很快失去活性，在土壤中的半衰期为 10 天。适用于肥水充足、花生植株生长旺盛的田块施用。花生结荚中后期喷施，施用浓度以 500 mg/kg 为宜，每亩用药液量 40～50 kg。可促使荚果增大，饱果数增多，百果重及百仁重均提高，增产 10％～16％，产量水平低的增产幅度小，产量水平高的增产幅度大。使用调节磷影响后代种子出苗率，降低植株生长势和主茎高度，影响结实，所以花生种子田不能喷施。

4）花生增产剂 又名花生乐。施用时先用少量温水将药剂溶解，再加清水稀释到 0.25％～0.5％的浓度，也可用 25 ℃以上水直接溶解，但需搅拌 3～5 min。溶解后，将调好适宜浓度的药液均匀喷雾到花生植株上，每次每亩用药液量 160～320 g，兑水 50 kg，在花生生育期间喷雾 2 次，第一次在结荚初期，第二次间隔 15 天喷施。高效花生增产剂有 A、B 型两种产品，A 型为生长延缓剂，只能用于花生高产田；B 型为生长促进剂，主要用于花生中低产田。

（5）防治病虫害 开花下针至结荚期，是花生病、虫、草、鼠多种有害生物并发时期，也是多数病害、地上及地下害虫的防治适期。

1）病害防治 花生网斑病、褐斑病和焦斑病发生，当病叶率达到 10％～

15%，主茎叶片发病率达5%～7%，病情指数3～5时即可喷施第一遍药，每亩用75%百菌清80 g、50%多菌灵100 g、1.5%多抗霉素或3%中生霉素250～300 g，均兑水50 kg喷雾，视病情发展，每隔10～15天喷一次，病害重的喷2～3次。当花生青枯病病株率达1%时，喷施85%三氯异氰脲酸500倍液浇淋根部。纹枯病的防治适期在7月上中旬。高温高湿期间注意防治锈病，当发病率达到15%～30%或近地面1～2片叶有2～3个病斑时，每亩用75%百菌清600倍液，或联苯三唑醇1 000倍液，或每亩用20%三唑酮乳油30～40 mL，兑水50 kg喷雾，可有效地控制病害的发展。

2）虫害防治　主要是蛴螬、棉铃虫、甜菜夜蛾、斜纹夜蛾、伏蚜等。采用毒枝诱杀暗黑金龟子、铜绿金龟子；50%辛硫磷乳油1 000倍液灌蔸，防治金龟子幼虫。当棉铃虫成虫盛发期来临之前，用0.1%草酸喷雾植株，每隔5天喷一次，连喷3次；当每平方米有棉铃虫幼虫4头，3龄前用增效Bt或25%灭幼脲、5%氟啶脲乳油、5%氟虫脲乳油1 500倍液、40%毒死蜱乳油1 000倍液等，每隔7～10天叶面喷雾一次，可兼治多种害虫。7月上中旬注意挑治伏蚜。

（三）花生后期苗情与管理

1. 花生后期苗情长势

（1）饱果成熟期的高产形态长相　“顶叶迟落枝变黄，棵不枯衰茎刚亮；秸不倒青结饱果，青皮金壳籽满堂”，此期主茎侧枝生长渐趋停止，主茎高度40～48 cm，顶部绿叶至少保持4～6片；侧枝长45～55 cm，至少保持4～6片完好顶部绿叶。

（2）饱果成熟期的生长指标　主茎的生长和侧枝的增生渐趋停止，营养器官积累的养料迅速向生殖器官转移，加速荚果的充实饱满，中下部叶片逐渐黄落。这一时期营养生长渐趋停止，生殖生长逐渐旺盛。主茎与侧枝日生长量分别为0.02～0.04 cm和0.025～0.03 cm，株型指数1.15左右，单株总分枝数疏枝型品种8～10条，密枝型品种15～20条。单株总开花数136～150朵，成针率44%～46%，结实率15.5%～18.5%，饱果率8%～10%，荚果增重占总果重的50%～70%，干物质累积量已达最大值。

（3）高产群体总生物产量的指标　亩产500 kg花生果，总生物产量

920～1 200 kg，营养体与生殖体比率为 0.6～1.0；经济系数 0.5～0.55。品种类型间有差异，中间型品种的营养体与生殖体干物质比例小于 1.0，普通型品种大于 1.0，经济系数为 0.46～0.52。

2. 花生后期田间管理

（1）叶面喷肥保顶叶　花生在结荚以后，由于能量转化，茎叶主要营养入不敷出，茎枝基部叶片逐步脱落，至花生收获前，每条茎枝顶部的 4～6 片绿叶是维持全株生活力，进行光合产物转换的基础。为了增强顶部叶片的活力，延长植株功能期，提高荚果饱满度，对花生植株表现早衰迹象的地块，叶面喷肥更为重要。从结荚后期开始，每隔 7～10 天喷一次，共喷 2～3 次。可喷施 1%尿素水溶液＋0.3%磷酸二氢钾水溶液，1%尿素＋0.4%过磷酸钙溶液，光合微肥 1 000 倍液，氨基酸叶面肥粉剂 2 500～3 000 倍液；补充钾、钙可喷施 0.4%硫酸钾、0.3%氯化钾、0.4%硝酸钾、0.3%磷酸二氢钾、0.2%柠檬酸钾、0.3%氯化钙、0.5%硝酸钙、0.2%醋酸钙、氨基酸钙 800 倍液。

（2）合理排灌增饱果

1）抗旱浇水　在饱果成熟期植株耗水量锐减，根系吸收能力衰退。遇旱根系易衰败，迅速引起顶叶脱落，茎枝随即枯衰，结荚不饱满，造成大幅度减产。如果 0～30 cm 土层平均含水量低于田间最大持水量的 40%，应及时进行轻浇润灌饱果水，促根保叶，维持功能叶片的活力，提高饱果率。早熟品种饱果期干旱对产量影响不大，中晚熟品种饱果期干旱均减产。据试验，饱果成熟期 0～30 cm 土层平均含水量，稳定在最大持水量的 55%时，花生亩产荚果 506.35 kg，比含水量占最大持水量 40%的增产 29.1%；土壤含水量低于最大持水量的 30%，花生减产 40%。

花生生长后期（收获前 1 个月）遇到干旱和高温可显著提高黄曲霉菌侵染及产毒率。田间荚果的含水量在 14%～30%时最易受黄曲霉菌感染。干旱期随着温度的上升，常使花生黄曲霉菌感染率增加。为防御黄曲霉菌侵染，必须及时浇水，可采取喷灌、顺厢（垄）沟窜灌，使耕层土壤相对含水量保持在 55%～60%。

2）排涝防渍　花生属于抗涝能力较弱的作物，容易发生湿涝渍害。如果此时秋雨过多，排水不良，能引起根系腐烂，茎枝枯衰，饱果率降低，而且土壤空气窒息，易发生烂果病。因此，应及时疏通沟渠，排除渍水。

(3) 及时防治病虫害　花生进入荚果成熟期，营养生长逐步衰退，加上温度较高、湿度大，适宜褐斑病、黑斑病、网斑病、焦斑病、锈病等多种叶部病害的发生，造成花生大量落叶、未老先衰，使花生大幅度减产。

①病害防治。重点是防治叶斑病、锈病，防治适期在 7 月下旬至 8 月初，此期遇连阴雨，春花生应于 7 月下旬防治一次，隔 10～15 天再防治一次；如果出现持续高温、无雨，不需防治。夏播花生在 8 月上中旬防治一次，每亩用 50 mL 20％三唑酮＋100 g 农抗 120＋50 g 80％代森锰锌，可加入适量的尿素、磷酸二氢钾，兑水 40～50 kg 喷雾。

②虫害防治。重点防治地下害虫蛴螬、金针虫等，地下害虫危害不仅造成严重减产及品质下降，还可提高花生收获前黄曲霉菌的感染率。可用 50％辛硫磷、48％毒死蜱乳油 1 000 倍液、30％辛硫磷微囊悬浮剂每亩 150 mL 兑水 50～70 kg 灌根。

四、花生地膜覆盖栽培技术

我国花生地膜覆盖栽培，是 1979 年从日本引进地膜产品后，开始在花生上应用，经过多年的试验研究、示范推广，已经形成具有我国特色的花生地膜覆盖栽培理论与技术体系。花生地膜覆盖栽培，提高地温、保墒抗旱、保持土壤疏松通气、减少肥料流失、促进植株和荚果发育，一般增产 20％～40％。

（一）花生地膜覆盖效果

1. 提高单产

花生地膜覆盖栽培与露地栽培相比，不仅单株结荚数和双仁果数显著增加，而且饱果率也相应提高，地膜覆盖花生一般亩产 300～400 kg，高产田达 600 kg，比露地栽培亩增荚果 75～100 kg，高的增产 200 kg，增产率 30％～80％，春播花生覆膜的增产作用大于夏播花生。

2. 提升品质

不仅增加了荚果产量，而且能提高品质，可使油分和蛋白含量增加，油酸与亚油酸比值增大，氨基酸含量提高。据测定，花育 17 地膜覆盖栽培的蛋白含量，比露地栽培提高1.24%，油酸与亚油酸比值由露地栽培的1.49提高到1.69，赖氨酸等8种人体必需氨基酸含量提高27.8%，谷氨酸等17种氨基酸综合含量提高24.6%。

3. 增加效益

据全国花生地膜覆盖栽培技术推广统计资料，地膜覆盖栽培比露地种植每亩增产99.5 kg，增加经济效益35%左右。

(二) 地膜覆盖增产因素

1. 提高地温

地膜透光率在80%以上，透过地膜的太阳光能被土壤吸收转化为热能，使地温升高，同时地膜又可防止地面热量向外部散失，从而起到增温保温作用。据测定，春播花生生长前期，地膜覆盖0～5 cm土层，日均温度比露地高2.5～3.9 ℃，生育中后期高0.6～1.1 ℃，全生育期平均高1.4～2.7 ℃，总活动积温比露地栽培增加195～370 ℃。地膜覆盖花生比露地栽培花生一般早出苗6～8天，早开花6～10天，早结荚7～9天，成熟期提前5～10天，全生育期缩短7～10天。

2. 保墒防渍

地膜覆盖的不透气性和阻隔作用，白天土壤水分汽化为水蒸气到达地膜下面，形成小水珠附着在膜下面，阻止散失到大气中；到夜间气温降低时，水蒸气凝结成的小水珠越来越多，体积越来越大，又从膜下面滴回到土壤中，保持了膜内土壤湿润，起到了保墒作用。

地膜覆盖还具有提墒作用，在干旱时，土壤深层的水分，通过毛细管作用，逐渐向地表运动，不断补充耕层的土壤水分，始终保持膜下的土壤湿润，增强了根系发育，提高抗旱能力。

在降雨过多时，覆膜将雨水排到垄沟，再横向浸润到膜下垄内的土壤，土壤相对含水量较露地栽培低，维持了土壤适宜的水分和通透性，具有较好的防涝作用。

3. 促进根系生长

地膜覆盖形成保护层，保持土壤疏松、通透性良好，改善土壤物理性状，为花生的根系发育和下针结实创造了适宜的土壤环境，促使根系和荚果发育。

据测定，花生收获期0～50 cm土层平均土壤容重，地膜覆盖的为1.3～1.4 g/cm³，比露地少0.1～0.2 g/cm³；总孔隙度、毛管孔隙度和通气孔隙度分别比露地增多3.0%～5.2%、1.7%～2.6%和0.4%～3.5%。地膜覆盖的土壤固、液、气三相中的气相比例显著增大，有利于花生根系发育和果针入土结实。据测定，0～50 cm土层地膜覆盖花生的总根量比露地的增加55%；根瘤数始花期增多88.7%，结荚期增多70%，饱果期增多27.5%。花生双仁果率和饱果率分别比露地的提高7.7%～11.1%和7.1%～19.2%。

4. 促进微生物活动

覆膜后能有效增加土壤中有益微生物的数量，显著提高了根瘤固氮酶活性，覆膜比露地土壤真菌总数量多58.3%，放线菌多36.7%，氨化细菌多25.8%，固氮菌多47.3%，磷细菌多56.3%，钾细菌多56.1%。加速了土壤中营养物质的分解和转化，使土壤中氮、磷、钾等有效养分增多；覆膜后，地表养分不会因降雨或灌水而引起流失，土壤保肥能力增加，可明显提高土壤供肥能力。据山东省花生研究所在花生单株盛花期测定，地膜覆盖土壤硝态氮含量60 mg/kg，比露地的增加3倍，铵态氮30 mg/kg，增加2倍，碱解氮增加5.9%，速效磷增加0.2%，速效钾增加2.5%。

5. 提高饱果率

花生的开花结实习性存在着花多不齐、针多不实和果多不饱问题，大量的无效花、无效果针和幼果成为花生果多果饱的限制因素。地膜覆盖栽培，能有效地抑制高节位的无效果针入土，减少单株无效结实率，提高饱果率。据测定，地膜覆盖的果针总穿透率比露地的降低24.4%～27.3%，有效果针穿透率增加61.7%～64.4%，因而地膜覆盖花生的结实率和饱果率分别比露地增加41%～49.8%和91.5%～105.1%，荚果亩产量增加84.3～107.3 kg，增产率为29.9%～35.4%。

（三）春播花生地膜覆盖技术

覆膜花生栽培操作程序：选用适宜品种→购买地膜→施肥→整地起垄→播种→喷除草剂→及时破膜放苗→加强田间管理→病虫害防治→适时收获。

1. 选用适宜品种

覆膜栽培宜选用中熟大果丰产性好的中间型或普通型花生品种，如远杂

9102、豫花15号、豫花9326、花育20号、丰花3号、山花11号、徐州68-4等；在无霜期短、需早腾茬播种冬小麦的地块，可选用早熟中果珍珠豆型品种，如远杂9307、中花8号、花育32号等；早熟大果型品种可选用鲁花8号、鲁花9号、鲁花10号等。

2. 选用适宜地膜

地膜宽度、厚度适宜，能保证有效果针顺利入土，膜宽与起垄宽度相配套，一般垄距和膜宽90 cm，膜厚0.01 mm；透光率≥70%；展铺性能要求断裂伸长率纵横≥100%，确保覆膜期间不碎裂。

3. 施足基肥

增施有机肥，配方施足氮、磷、钾三要素，补施微量元素。以地力确定目标产量，依据花生需肥规律，确定施肥数量，每生产100 kg花生果，需吸收氮5～7 kg（其中1/2～2/3来自根瘤菌固氮）、氧化钾3～4 kg、五氧化二磷1～1.5 kg，缺硼、缺铁地块每亩施硼砂1 kg、硫酸锌1 kg。

4. 整地起垄

深耕细旋耕，起垄高度20 cm，垄坡要陡，垄面要平，盖膜前将垄面压实整平，垄面宽60 cm，垄上花生小行距35～40 cm，保证花生播种行与垄边有10 cm以上的距离，覆膜紧贴垄面。

5. 合理密植

每亩种植密度，应根据品种特性、地力水平、管理条件而定，一般中等以上肥力条件下，种植中熟大果型品种，每亩18 000株为宜；中等肥力、种植早熟中果型品种，每亩以22 000株左右为宜。

6. 播种覆膜

播种期比露地提早8～12天，以利于发挥地膜覆盖的增温效果。推广机械播种覆膜，选用2BFD-2B型花生覆膜播种机，调整播种轮与传动轮，使穴距为13 cm，每亩1万穴和2万株。调节开沟器、施肥口、播种口、覆土器的深度。各环节的适宜深度：开沟10 cm，施肥8～10 cm，播种深5 cm，覆土厚度5 cm。

人工先播种后盖膜方式，是在垄面上开两条播种沟，深3 cm，土壤墒情不足，要顺沟浇少量水，水渗下去再播种，每穴播2粒种子，并列平放，播后封平垄面，适当镇压，喷施除草剂，铺盖地膜，膜要拉紧、铺平、贴实、压严。也可采用先盖膜后打孔的方法播种。

7. 化学除草

花生播种后地面喷施除草剂，可选用敌草胺、乙草胺、精异丙草胺、二甲戊灵、仲丁灵、丙炔氟草胺、扑草净等，可加入适量的杀菌剂，如50%氯溴异氰尿酸（灭菌威、消菌灵）可溶性粉＋乙草胺、72%霜脲·锰锌＋乙草胺、40%菌核净＋乙草胺等，兼防花生立枯病、菌核病、白绢病、黑霉病、叶斑病等多种土传病害。

8. 田间管理

围绕前促早发、中控稳长、后保不衰，加强地膜覆盖花生田间管理。

(1) 开孔放苗　地膜花生一般播后10天左右即顶土出苗，先播种后覆膜的田块，花生芽顶土鼓膜（刚见绿叶）时，就要及时开膜孔放苗，不能等幼苗全出土再开孔。开孔后随即抓一把细土将膜孔盖严，厚3～5 cm，轻轻一压，既起到封膜孔增温保墒效果，还有避光引苗出土，释放第一对侧枝，起到自然清棵的作用。一般开孔时间在9时之前，或16时之后，孔径4～5 cm。

(2) 清土抠枝　花生出苗后主茎有2片复叶展现，应及时清理膜孔上的土，因为此时花生主茎有2片复叶展现，第一对侧枝已出现，而且茎枝基部已开始花芽分化，如果膜孔仍被土覆盖，会影响花生的正常生长发育。当花生出苗主茎有4片真叶时，及时将压在膜下的侧枝抠出来。

先盖膜后打孔播种的，如出苗前遇大雨，压膜孔的土就会结硬块，影响花生顶土出苗，应及时疏松硬块，并除去膜上过多的土。花生出苗主茎生长4片复叶时，要及时将压在膜下的侧枝抠出来，以利侧枝多结果。

(3) 控制徒长　花针期及其以前的光合产物，主要分配到营养器官中，分向结实器官的很少；到结荚期开始，才大量向荚果输送，特别是到饱果成熟期，输向荚果的更多，成为决定产量高低的最后关键时刻。因此要求这个时期营养生长衰退缓慢，既保持较大的叶面积和较高的生理功能，又有较多的光合产物运向荚果，对提高产量有利。结荚初期往往出现徒长现象，一般在花生始花后30～50天、盛花末期封行前3～6天，植株高度达40 cm左右时，喷施调节剂，如烯效唑、壮饱安等。控制株高不超过45 cm，防止植株郁闭倒伏，减少烂果。

(4) 叶面喷肥　覆膜花生植株生长旺盛，根系吸收养分的功能增强，结果数增加，养分消耗量增大，中后期易出现脱肥现象，植株早衰，叶片早落，影响荚果膨大及产量提高。应及时补充营养，延长叶片的功能期，提高叶片活力，增加果重。可叶面喷施尿素、磷酸二氢钾、光合微肥、稀土微肥、氨基酸叶面肥。在荚果成熟期，若遇雨水过大过多时，应及时排水降湿，破膜散墒，防止烂果发生。

（5）回收残膜　花生收获后，应及时回收残膜，防止对土壤、环境等造成污染。据田间检测，残膜量占 20%～30%，影响下茬作物根系生长，妨碍土壤水分的运动。可选用 1MS-5 型或其他型号的地膜回收机，清除田间残膜，并随即进行一次人工捡拾，彻底消除地膜对农田土壤和生态环境的影响。

第四节　花生收获与储藏

一、花生成熟的标志

（一）荚果成熟的标志

进入成熟期的花生植株，茎叶中的养分已经大量运往荚果，植株中下部叶片已经陆续脱落，上部叶片的叶色转呈黄绿色，叶的睡眠运动已经消失，植株停止生长。荚果成熟良好时，外壳表皮由黄褐色变为青褐色；内果皮海绵组织变薄而破裂，并由白色变为带金属光泽的黑褐色，多数品种种子挤压处的内果皮呈现黑褐色的斑片。农民习惯上把这种壳内着色的荚果俗称作“金里”“金碗”或“铁里”，这是荚果成熟的良好标志。如果荚果发育中遇到干旱，种子成长不良，或环境情况正常而单荚果成熟不足，不够充实饱满，则直到收获，其果壳内壁也无褐斑生成，仍为白色，俗称“眼里”或“银碗”。后期管理得比较好、成熟适度的荚果子房柄上分离的强度约为 1 kg，收获时不容易落果；管理不良，特别是病害防治失当或秋季遇到雨水、阴天多的年份，再加上过晚收获，不仅落果多，过熟变质，发芽腐烂的也多。成熟良好、粒大饱满的种子，干燥后皮色呈固有的颜色，含油量高，游离脂肪酸的含量极微，油酸、亚油酸的比值也高，油色清淡，耐贮性好，商品油食用价值高。

（二）籽仁成熟的标志

花生籽仁充实饱满，种皮显示粉红色或桃红色等品种固有的本色，变薄而光润。

二、花生适期收获

收获过早，多数花生荚果尚未成熟，荚果不饱满，产量和含油率均低；收获过晚，早熟的饱满荚果易脱落，籽仁内脂肪也易酸败，不仅收获费工，而且会降低产量和品质。尤其是有些珍珠豆型品种，种子休眠期短，成熟期如遇干旱，荚果失水，很快打破休眠，再遇雨就立即带壳发芽，因此必须适时收获。

（一）花生收获适期的确定

花生适期收获，应综合考虑田间长相、饱果率、气温变化、品种特性、产品用途和后作播种要求等因素。

1. 植株长相

地上部植株生长停滞，中下部叶片脱落，上部1/3叶片叶色变黄，叶片昼开夜合的感夜运动不灵敏或消失，是花生成熟的标志。老花生产区，连作种植地块，落叶较为严重。但在肥水条件好、病虫害轻的地块，花生叶片能长期保持绿色，植株衰老不明显，则应主要根据荚果发育情况确定收获期。

2. 荚果充实饱满

根据不同熟性品种的物候期，检查多数荚果已饱满为准，一般珍珠豆型早熟品种饱果率达75%以上，中间型早熟大果型品种的饱果率达65%以上，普通型中熟花生品种的饱果率达85%以上，即为成熟的标志。依据饱果率判断花生收获适期，还应考虑气候条件和品种熟性，以及田间长相。因为气温过低荚果就不能鼓粒，植株上部鲜叶凋落太多，荚果不但不能再充实饱满，而且茎枝很快枯衰。如果每条茎枝鲜叶少于3片，日平均气温低于15 ℃，花生饱果率没有达标，也应立即安排收获。

3. 花生适宜收获期

（1）南方花生产区适宜收获期　南方多种植珍珠豆型早熟品种，春播生育期为125天左右。种子休眠期短，花生成熟期正值高温多雨季节，如不及时收获，会造成发芽、烂果、落果。湖北省春播地膜覆盖花生8月下旬收获，春播露地花生9月上旬收获；夏播花生10月上旬收获；湖南、江西春播花生8月下旬至9月上旬收获；西南地区四川、重庆、贵州等在8月底至9月中旬收获；广东、广西、福建等省（区）无霜期长，花生一年两作，春播花生早熟品种多在6月下旬至7月收获，留种田应提早5～7天收获。晚熟品种在8月中旬到9月上旬收获；秋播花生一般在11月中旬至12月收获。

（2）北方花生产区适宜收获期　黄淮海地区的山东、河北、河南、安徽和江苏北部等，全年无霜期180～230天，春季适期播种，一般能正常成熟。在正常年份，珍珠豆型早熟品种生育期为130天左右，中间型中熟品种生育期145天左右，普通型等晚熟品种生育期160天以上，覆膜种植155天即可成熟。春播大花生产区的成熟收获期，早熟品种8月下旬至9月上旬，中熟品种9月上中旬，晚熟品种10月上旬，覆膜栽培9月下旬；夏播花生在9月下旬至10月上旬收获。东北早熟花生产区，秋季气温下降快，由北向南各产区9月中旬至10月出现初霜，早熟品种应在9月上中旬收获。

（二）花生机械化收获

1. 花生收获机械的概况

我国花生收获机械化水平，无论是同其他主要粮食作物相比，还是同世界发达国家相比，均处于较低水平。花生机械化收获，要经历从分段收获到联合收获的发展历程。我国花生收获机械正处于发展期，目前以分段收获为主，多采用花生收获机，花生联合收获机应用得较少，主要有4BHL-2型、4HB-2A型、4HBL-2型等。

2. 花生机械收获的技术要求

花生收获机械，应具有完成挖掘、抖土、铺放、拣拾、摘果等功能。花生机械收获的要求是：收得干净，落果少，损失率＜3.0%；机械摘果损失率≤5.0%；株棵上泥土抖得净，含土量（按质量计算）＜25.0%；铺放时根果一致，厚度均匀整齐；摘果要求摘净率＞98.0%，商品果破碎率＜3.0%，种用果破碎率≤1.0%；清选干净，清洁度>98.0%。

3. 花生机械收获的技术路线

花生机械化收获技术路线有两条：

（1）花生挖掘收获　操作程序是挖掘→抖土→铺放→人工集中→机械摘果。挖掘机与14.71 kW以下小型拖拉机配套，将花生挖出抖土、铺放，适合山丘小地块作业，对于湿度适宜的岭沙土、沙壤土和壤质土种植的花生收获效果良好。然后使用花生摘果机完成果秸分离并装袋。

（2）花生联合收获　操作程序是挖掘→摘果→清选→装袋。可一次收获两行花生，一次性完成花生挖掘、摘果、清选、装袋作业。

4. 常用花生收获机

（1）花生联合收获机　可实现花生挖掘、果蔓分离、花生荚果装仓、枝蔓抛回地面等作业。开发的机型有4BHL-2型履带式花生联合收获机；4HBL-2型自走式半喂入花生联合收获机；4HB-2A型和4HB-4A型花生联合收获机。

（2）花生挖掘机　花生挖掘机一般由机架、挖掘铲、输送分离机构、铺放滑条、地轮、变速箱、万向节传动机构等组成。常用机型有4H-2型，4H-95型，4H-150型，4H-165型，4H-195型，4HSHw-1500型等。

（3）花生摘果机械　结构和作用与简易谷物脱粒机相似，一般由喂入台、钉齿滚筒、凹板筛、前后滑板、风扇、搅龙、集果箱、机架等部件组成。目前我国生产中使用的花生摘果机，有半喂入式和全喂入式两种。

①半喂入式。主要用于南方地区，干、鲜花生均可使用，一般要完成摘果，分离，清选等工序。消耗动力小，摘果后的花生蔓仍整齐，便于储存及综合利用，摘鲜果的质量好于摘干果，破碎率低。但其结构和传动比较复杂，制造成本高，工效比全喂入式低。

②全喂入式。主要用于北方花生产区，从晒干的花生植株上摘果，一般完成摘果、分离、清选等工序，用于场间固定作业，以花生收获后在田间晾至半干后进行摘果最为适宜。摘果质量主要看摘净率、清洁率、破碎率。现有的摘果机主要存在分离清选不好、破碎率较高的缺点，所以种用花生和外贸加工出口用途的花生不宜使用。

花生摘果机种类比较多，有4HZ-95型、5HZ-800型、5HZ-1150型、

4HZ-160 型、4HZ-55 型、5HZ-1900 型、4HZ-70 型、4HZ-50B 型、4HZ-68C 型、5HZ-400 型。

（4）花生脱壳机械 主要性能指标是破伤率，包括破碎率和损伤率、一次脱净率、清洁度和生产率。对剥壳机总的要求是：一次脱净率＞80％，破伤率≤5％，壳皮与籽仁分离好，清洁度＞78％，吹出损失率≤0.2％。剥壳机的关键在于滚筒与凹板筛的间隙，间隙过大，易出现剥壳不净，过小易出现籽仁破伤率高，一般应根据品种类型、荚果大小而调节间隙。现有的剥壳机对花生荚果要求不宜太干，当花生荚果含水率低于 6％时，则籽仁易破碎。种用和出口花生仁要求较高，目前尚无理想的剥壳机械，仍为手剥手拣。用于榨油的花生仁，对破伤率要求不十分严格，适用的剥壳机很多，而且应用也较普遍。

花生脱壳机种类较多，有 4HZ-50B 型、6BH-1500C 型、6BH-1600 型、6BH-3000C 型、6BH-3000D 型、6BH-3300 型、6BH-3500 型、6BH-4500A 型、6BHZF-3500 型、6BHZF-4500 型、6BHZD-3500 型、6BHZD-4500 型等。

三、花生干燥储藏

（一）花生收后干燥

新收获的花生荚果含水 45％～60％，呼吸强度大、易发热，极易受霉菌和细菌侵染，霉烂变质，种子活力下降。必须使荚果尽快晒干，防止发热、霉变。

国内外花生产后，大多数都是在收刨后，在田间将植株集条铺晒。将 3～4 行花生植株合并排成一行，根果向阳，株体支空，通气自如，干得快，经 3～5 天晴天，晒至五六成干，手摇荚果有响声后，茎叶由内根果向外堆成小垛，继续在田间垛晒。这样既可使秸棵鲜绿，用于饲养草食牲畜，提高饲草质量，又便于往晒场上搬运。搬运时应选择早晨或阴天，以减轻搬运中荚果掉落和茎叶破碎。

摘果后荚果含水量仍然较高，扬净茎叶杂质后还要继续晾晒 1～2 天，然后堆捂两昼夜，再摊晒通风，使含水量降低到 8％～10％为止。此时，手搓种皮易掉，牙咬种子有脆声，即可安全入仓。

（二）花生安全储藏

花生种子在储藏期间仍在呼吸，常受水分、温度、湿度等外界条件及种子本身水分高低、杂质多少、品质优劣等因素的影响、储藏不当，会发生霉变。

1. 花生储藏特性

（1）花生种子后熟期长　花生种子后熟期较其他作物种子长，通常玉米种子仅 15～20 天，而花生种子可达 110～120 天，这种特性非常不利于种子的储藏保管。因为，花生种子在后熟作用中酶的活性很强，在呼吸过程中释放出较多的水汽和热量，容易造成种子发热霉变。

（2）吸湿性强，容易生霉　花生含有丰富的蛋白质等亲水性物质，吸湿性强。新收获的花生含水量在 30%以上，若干燥不及时、不彻底，或在储藏中大量吸取空气中的水分，则极易发生霉化变质。霉变先从破损、未熟、生芽和冻伤粒开始，并逐渐扩展蔓延。花生霉变与含水量及储藏温度有关，若水分超过 9%、温度达 25 ℃左右，或含水量 10%以上、温度在 20 ℃左右，花生仁即可发热生霉，明显的症状是皮色变深变暗，颗粒发软。一般先在表层以下 15～40 cm 出现，如处理不及时，则会使霉变范围发展扩大。

（3）受热变质，走油酸败　当前生产上主栽的花生品种含油率均在 50%以上，其中不饱和脂肪酸占油脂的 80%以上。由不饱和脂肪酸所构成的甘油酯，在种子呼吸作用下，完全氧化时可释放出 30.8 kJ 的热量和 1.1 g 左右的水，大大高于 1 g 糖类物质完全氧化时所释放的热量和水，从而使花生种子容易发热、霉变、出油和酸败，食味变哈，出油率降低，油味变苦，种子的发芽率降低。花生果水分在 10%、温度升到 30 ℃即能发生走油变质。水分、温度越高，变质就越快。走油变质的花生仁皮色泽变暗、变深，容易脱皮。子叶由乳白色逐渐变得透油和蜡状，食味都逐渐变劣。花生变质走油多发生在 7—9 月，温度在 30 ℃以上的高温季节。

（4）低温冻害，酸变变质　储藏温度达 0 ℃以下时，花生则会遭受冻伤，受冻的花生皮色深暗，颗粒变软，有酸败气味，含油量下降，丧失发芽力，酸价增高，品质变劣，失去食用价值和经济价值。花生种子受冻害与种子含水量多少和温度高低有关。当温度在 0 ℃以下时，种子含水量越高受冻害越严重；种子含水量高和储藏温度低，种子活力就低，甚至丧失活力。种子含水量5%左右时，不同低温储藏对种子的影响不明显；含水量10%和储藏温度−10 ℃时，种子发芽势、发芽率及活力指数差异显著。要想较好地储藏花生不发生劣变，籽仁内的含水量要控制在5%左右。

（5）储藏条件与花生种子寿命　在花生种子储藏过程中，影响种子寿命的环境条件有水分、温度、空气、微生物和仓虫等，起主导作用的是水分和温度。种子含水量在5%～14%，每增加1个百分点种子寿命就会减少一半；种子储藏温度在0～50 ℃，每增加5 ℃种子寿命也减少一半。花生种子的安全含水量控制在8%左右。

2. 花生安全储藏技术

（1）带壳储藏　荚果储藏比花生仁储藏通风状况好，而且能够保持花生仁的色泽和生活力，因此带壳储藏更加安全。特别是留种用的花生，一定要带壳储藏，播种前再脱壳。

（2）室内储藏　可直接堆放在室内地上，底下垫放隔潮物品，不要靠墙，以免返潮。将种子装入透气的麻袋等器具里，避免用不透气的塑料袋储藏，易造成空气不流通，种子无氧呼吸，产生酒精和有机酸等有毒物质，使种子胚中毒；同时，呼吸产生的水分和热量不易散发，使种子发热霉变。常年和夏季储藏，应采取密闭储藏法，使种子与空气隔绝，保持种子始终干燥。最好选用专用仓库储藏，条件优越，采取散堆的方法储藏。

（3）控制温、湿度　由于花生种子含有大量的蛋白、糖类等亲水物质，在储藏过程中很容易吸收空气中的水分，使呼吸作用增强，消耗养分，放出大量的热能使种子堆温度升高，种子受热发霉变质，丧失发芽能力。当花生籽仁储藏场所的气温在9 ℃左右、种子含水量在11%时，堆垛底部会发热；种子含水量在13%、温度超过17 ℃就开始生霉菌；若超过20 ℃，就会霉坏变质。种子含水量若超过安全水分界线，种子在−3 ℃条件下即能受冻变质；种子含水量在安全储藏水分界限以下，在−25 ℃严寒中也会受冻。在储藏期间必须保持干燥的储藏环境，发现种子含水量超过安全界限或堆垛温度升高，应及时翻仓晾晒，确保安全储藏。

思考题

1. 花生起源地是哪里？如何传播到全世界？
2. 花生生长对环境条件有哪些要求？
3. 花生生产的主要栽培技术有哪些？

第四章

现代芝麻绿色生产技术

芝麻是我国古老的优质油料作物之一，在我国种植历史悠久，生产分布范围广。芝麻以营养物质丰富，养生保健功效好，逐渐受到我国不同经济阶层消费群体的青睐。近年来，国内外芝麻贸易市场活跃，市场缺口大，我国芝麻年消费量在100万t以上，但年平均产量仅有60万～80万t，从2006年起，我国已由过去的世界第一大出口国，转变为第一大进口消费国，年进口量在50万t左右。因此，发展芝麻产业，提升我国芝麻产品国内外市场的竞争力势在必行。

第一节　芝麻生产概况

一、芝麻的起源与传播

（一）芝麻的起源

芝麻种植历史悠久，范围广泛，主要分布于亚热带及热带地区。关于芝麻的起源有多种说法，最早是在埃及古墓中发掘出芝麻，而且非洲也有一些芝麻野生种，因此便认为芝麻起源于非洲。随后爪哇也发现了芝麻野生种，故又有原产爪哇之说。实际上，印度也有几种野生芝麻，有的生于陡峭岩壁，有的生于沙漠地带。1932年，V. M. 希特勃兰德认为，芝麻栽培种发源地应该接近该属的野生种所在地，因而他倾向于芝麻起源于非洲。通常认为非洲具有芝麻属所有的野生种，同时最先栽培芝麻，因此把非洲视为芝麻的起源中心和栽培种的起源中心。

（二）芝麻的传播

世界各地对于芝麻传播考证也不相同，多数学者认为，芝麻是从非洲北部传向美索不达来亚地区和印度恒河流域，逐步扩大到地中海沿岸、中国以及世界各地。中国芝麻种植的记载，最早见于公元前，《汜胜之书》中所述的胡麻就是芝麻。过去一般认为是公元前 2 世纪张骞通西域，从中亚大苑带回芝麻种子最先在黄河流域一带种植，以后传至长江和珠江流域，并逐渐传播到朝鲜、日本和东南亚等国。

但是在太湖流域的吴兴钱山漾和杭州水田畈两处，古遗址的出土物中都发现有芝麻，经考证，他的年代相当于公元前 770 年至公元前 480 年，比张骞通西域早 200～500 年。

二、芝麻的营养价值与综合利用

芝麻是人类优质食用油原料和营养保健食品。芝麻营养价值高，用途广泛，芝麻产品成为越来越多的消费者喜食的家常食品。

（一）芝麻籽粒营养

芝麻籽粒内含有丰富的营养物质，有 18%～20%的蛋白质及丰富的粗纤维、矿物质、氨基酸和多种维生素。据中国预防医学院营养与食品卫生研究所和国家质量监测测试中心（郑州）测定，100 g 白芝麻中，含有蛋白质 18.4 g，脂肪 52 g，灰分 5.2 g，维生素 B_1 0.36 mg，维生素 B_2 0.26 mg，维生素 E 38.28 mg，烟酸 3.8 mg，钾 266 mg，钠 32.2 mg，钙 620 mg，镁 202 mg，铁 14.1 mg，锰 1.17 mg，锌 4.21 mg，铜 1.41 mg，磷 513 mg，硒 4.06 mg。

芝麻籽粒中还含有芝麻素等天然生理活性成分，对人体具有强抗氧化、抗菌消炎、抗癌等保健作用。按现代营养学分析，芝麻籽仁中含有人体所需的多种营养素，其蛋白质含量多于肉类，其中氨基酸含量十分丰富，含钙量为牛奶的 2 倍，还含有维生素 A、维生素 D 及丰富的 B 族维生素。芝麻含脂肪高达52%～60%，还有较多的卵磷脂，可防止头发过早变白或脱落。芝麻主要分白芝麻和黑芝麻两种，白芝麻主要作为油用及糕点辅料，黑芝麻多作为糕点辅料，中医常用黑芝麻入药。据测定黑芝麻中含有丰富的优质蛋白质、脂肪酸、钙、磷等，营养之全是许多食品所无法媲美的，多种不饱和脂肪酸可促进皮肤新陈代谢，起到营养和护肤作用，黑芝麻含有毛发生长所需要的蛋白质、脂肪和丰富的维生素 B_1、维生素 B_2、维生素 B_6、卵磷脂等，在现实生活中坚持服食黑芝麻，有乌发、美发之功效。

中医认为，芝麻味甘、性平，有补血、润肠、通乳、养发等功效，适于治疗身体虚弱、头发早白、贫血、大便燥结、头晕耳鸣等症状。黑芝麻糊的效用更胜鲜奶，多食皮肤会滑溜、少皱纹，还会令肤色红润白净，更可以治便秘。

芝麻还含有丰富的硒，是食物中含硒最高的作物之一。充足的硒可使抗氧化剂有效地将人体内的过氧化氢转化为水；含有硒的多种酶能够调节甲状腺的功效，参与氨基酸的合成。芝麻的含铁量为各种食物之首，在治疗缺铁性贫血方面，芝麻是任何食物所无法比拟的。

（二）芝麻油营养

芝麻油品质优良，营养丰富，醇香可口，既是强身健体的滋补品，也是风味别致的调味品。芝麻油中油酸和亚油酸含量之和超过85%，均为人体易消化吸收的不饱和脂肪酸。亚油酸是人体不能合成而又必需的脂肪酸，可抑制人体血液中胆固醇的合成，有抗氧化、抗癌的功效，具有预防动脉硬化的作用，对软化血管、防治因血管硬化引起的疾病非常有益。油酸可降低血液总胆固醇和有害胆固醇含量，能够减少胆固醇在血管上的沉积，有预防动脉硬化等功效，对中老年人的心脑血管疾病有重要的预防作用。所以，经常食用芝麻油或芝麻制品，有益于预防冠心病、高血压、糖尿病和肥胖症等疾病，具有明显的延年益寿作用。

（三）芝麻叶的营养

芝麻叶营养丰富，含有丰富的蛋白质和糖类物质，可作为优质蛋白源。据郑州大学测定，芝麻叶中总蛋白质含量31.32%，总糖25.26%，脂肪7.54%，灰分9.24%，富含矿质元素钾、钙、镁、磷、铁等，尤其是硒的含量达0.2 μg/g，属富硒产品，可提高人体免疫力，促进淋巴细胞的增殖及抗体和免疫球蛋白的合成，具有防癌抗癌的作用。芝麻叶中黄酮含量为122.8 mg/g，多酚含量为44.8 mg/g，对于预防冠心病、动脉粥样硬化等具有显著功效。芝麻叶可作为一种天然优质的叶蛋白源，为人们提供营养素。

（四）芝麻综合利用

1. 芝麻是食品加工的重要原料

随着芝麻加工业的发展、人们生活水平的日益提高、消费结构的变化，对芝麻加工食品的需求数量越来越多，从而拉动芝麻食品加工业的发展。以芝麻为原料，加工的产品有芝麻香油、水洗芝麻、炒食芝麻粉、芝麻糖、芝麻片、芝麻酥、芝麻饼、麻烘糕、芝麻酱、芝麻豆腐、芝麻乳、黑芝麻糊；利用芝麻叶制作干芝麻叶和罐头等。随着龙头企业的崛起、规模化加工生产的发展，将改变以原材料、粗加工产品出口，为精加工产品出口，获得更大的经济效益。

2. 芝麻的医疗保健作用

芝麻味甘，性平，归肝、肾经。具有补精髓、养五脏、通经络、滑肌肤、益精血、润肠燥的功效。主治伤中虚羸、尿血、头风等症。《本草纲目》《食疗本草》《天工开物》等都有记载。现代中医学认为黑芝麻的医疗保健功能为强身健体，延年益寿，补肝肾，润脾肺；益耳目，健固齿；润肌肤，滑胃肠；防衰老，益脑智等。用于治疗眩晕、健忘、腰膝酸软、发须早白、阴虚干咳、皮肤干燥、乳汁不足，降低胆固醇，防止动脉硬化、高血压，防止血小板减少，平衡神经，预防神经衰弱；外用解毒生肌，护肤美容等。

3. 芝麻饼粕可作优质饲料

芝麻榨油后的饼粕含蛋白质38%、碳水化合物20%、粗脂肪10%、氮6%、磷3%、钾1.5%及其他矿质元素，均是良好的饲料和肥料，有很高的经济价值。

4. 芝麻是良好的蜜源作物

芝麻花期比较长，花器大，长冠中含有较大的蜜腺，开花量多，是一种优良的蜜源作物。利用芝麻田发展养蜂业，也可增加经济收入。芝麻花蜜是药食同源的天然营养品，是一种成分极为复杂的糖类复合体，其蜜适合头晕眼花、肾虚腰酸、津液不足、大便燥结、须发早白、发枯脱落、高血压、血管硬化、贫血、慢性神经炎、末梢神经炎患者服用。

三、芝麻的生产与贸易

（一）芝麻生产状况

芝麻广泛分布于南纬 45°至北纬 45°的 80 多个国家，主要集中在亚洲和非洲。

1. 世界芝麻生产状况

据联合国粮农组织统计：2001—2010 年 10 年间，全世界芝麻年均种植面积为 10 931 万亩，平均单产 32.1 kg，年总产量 351.3 万 t。近年来，全球芝麻种植面积逐年增长，2015 年为 15 053.4 万亩，2016 年为 15 453.3 万亩，2017 年为 15 747.6 万亩，2018 年为 17 615.1 万亩，2019 年为 19 704 万亩。芝麻种植主要分布在亚洲、非洲等发展中国家，其中印度、中国、苏丹、缅甸四大主产国的芝麻年平均种植面积 7 640 万亩，占世界总面积的 69.9%，年平均总产量达 223.9 万 t，占世界同期总产量的 63.7%（表 4-1）。近年来，随着芝麻加工业的发展，国际芝麻贸易活跃，芝麻价格持续上升，市场需求量逐年增多，使得世界芝麻生产面积呈逐年扩大的趋势。尤其是印度、苏丹等芝麻主产国，随着芝麻价格的不断

表 4-1　2010—2019 年全球芝麻主产国生产情况

国家	面积/万亩	国家	平均总产量/万 t	国家	单产/(kg/亩)
全球	**15 474.1**	**全球**	**551.09**	**全球**	**36**
苏丹	3 466.1	缅甸	78.98	黎巴嫩	224
印度	2 648.6	印度	77.20	阿富汗	139
缅甸	2 252.1	苏丹	58.86	以色列	135
坦桑尼亚	1 174.9	坦桑尼亚	52.68	约旦	133
南苏丹	959.9	中国	51.68	沙特阿拉伯	123
尼日利亚	868.9	尼日利亚	50.12	中国	96
中国	544.9	埃塞俄比亚	25.53	乌兹别克斯坦	81
埃塞俄比亚	517.2	布基纳法索	19.27	塔吉克斯坦	77
布基纳法索	472.8	乍得	14.61		
乍得	426.4	乌干达	13.68		

资料来源：FAOFAST 数据库（1961—2020 年）

攀升，国际市场的芝麻产品日益紧俏，对芝麻科研的投入不断加大，新品种、新技术的推广力度加大，生产水平不断提高。

2. 中国芝麻生产现状

我国芝麻种植分布广阔，南起海南、台湾，北至黑龙江均有种植，主要集中在河南、安徽、湖北、江西、河北、陕西、辽宁等地。我国芝麻种植面积较大，产量较高，是世界芝麻生产大国之一。据 1949 年出版的乡村工业丛书《中国植物油脂》记载，1933 年和 1934 年，中国芝麻总产量分别为 96.85 万 t 和 86.91 万 t，分别为世界芝麻年总产量的 59.14% 和 61.13%。1951 年芝麻种植面积达 1 599.5 万亩，总产量 44.1 万 t，分别占世界芝麻年种植面积的 25.67%，总产量的 41.71%。1967—1978 年，为解决粮食短缺问题，调减了芝麻种植面积。1979 年开始恢复发展芝麻生产，到 1985 年芝麻面积恢复到 1 578 万亩，总产量达到 69.1 万 t。随后又逐年下滑，到 2019 年芝麻种植面积只有 425 万亩，总产量 46.7 万 t，亩产提高到 110 kg。

芝麻生产数量较多的是河南省，2019 年芝麻种植面积 172 万亩，总产量 18.8 万 t；其次是湖北省，面积 116 万亩，总产量 11.4 万 t；第三位的是江西省，面积 43.7 万亩，总产量 3.7 万 t。

3. 湖北芝麻生产情况

湖北省种植芝麻历史悠久。据《魏书》记载，公元 6 世纪中叶，“江陵震骇，城内大饥，皆以胡麻为廪”，即把芝麻炒熟或煮熟后作为食物充饥。1894 年，湖北芝麻出口量有 7 070 t，比上年增长 5.3 倍。此后数年，芝麻出口“坚挺上升”，主要销往法国、意大利等国。20 世纪初，湖北芝麻连年获得较好收成，成为省内主要油料作物之一，在全国也占有重要地位。1933 年，湖北省芝麻总产量 11.33 万 t，是新中国成立前的历史最高年产量。1949 年种植面积 227.73 万亩，总产量 6.09 万 t。

1950 年以后，芝麻生产有所恢复，1953 年种植面积 331.76 万亩，总产量达到 13.18 万 t；20 世纪 60 年代平均种植面积为 345.2 万亩，总产量为 7.88 万 t；20 世纪 70 年代平均种植面积为 166.9 万亩，总产量 7.2 万 t；1985 年芝麻面积 260 万亩，总产量达到 17.81 万 t，为历史最高年。随后种植面积逐年调减，2019 年芝麻种植面积只有 115.83 万亩，总产量 12.92 万 t。

湖北省芝麻主要种植区域有两个：一是鄂北芝麻区，以襄阳市为主，另一个是长江、汉江两岸芝麻区。芝麻种植面积和产量较多的县（市），有襄州区 2019 年芝麻面积 8.96 万亩、总产量 8 964 t，其次是枣阳市分别为 8.28 万亩、5 500 t，阳新县分别为 6.47 万亩、8 503 t，江夏区分别为 4.61 万亩、6 231 t。

（二）芝麻贸易情况

近年来，全球芝麻贸易量保持在 145 万～150 万 t，其中中国进口数量占全球贸易量的 56%。

2015—2020 年，中国每年进口芝麻数量分别为 80.54 万 t、93.12 万 t、71.18 万 t、82.82 万 t、81.74 万 t、88.88 万 t。进口来源国家有苏丹、尼日尔、坦桑尼亚、埃塞俄比亚、莫桑比克、多哥、马里、乌干达、巴基斯坦、印度等。

第二节　芝麻生长发育与产量形成

一、芝麻各器官的形态特征

（一）根

根系是芝麻固定、支撑植株生长，进行呼吸作用以及吸收水分和矿质营养的器官。芝麻的根系属于直根系，由主根、侧根、细根和根毛组成，根尖端的根毛区着生大量密生细嫩的根毛，该区对植株的水肥营养非常重要，芝麻根系的分布类型主要有细密型和粗散型两种。属浅根性作物，根系入土浅，呈伞状分布，90%的根群分布在 9～15 cm 的土层里。

（二）茎

芝麻茎秆直立，茎基和顶端呈圆柱状，中上部和分枝为方形，茎秆一般为绿色，少数品种茎秆基部呈紫色或茎枝上有紫斑，成熟时通常转为黄色或黄绿色。茎秆上着生有茸毛，茎色和茸毛是识别品种的重要标志之一。

茎是营养输送和支撑冠层的主要营养器官，包括主茎和分枝。它是连接地下和地上部分的器官，在输送和调节芝麻各器官之间的水分和养料方面有着重要的作用。还支持着整个植株，使叶、花和蒴果适当地分布在一定的空间之内，便于接受光照。茎生长的好坏，关系着芝麻其他器官的形成和种子的产量。

芝麻茎的类型按株高分为3种：高秆型（170 cm以上）、中秆型（130～160 cm）和矮秆型（130 cm以下）；按分枝习性划分为单秆型和分枝型两种，分枝型品种在主茎基部的1～5对真叶叶腋中，一般有3～5个分枝，在肥水条件适宜、早播、稀植时，可长出8～10个分枝，最多可长出15～16个分枝。在第一次分枝上又长出分枝，称为第二次分枝。

茎和分枝上有节，节间长度一般是主茎比分枝短，上部比下部短。植株节间越短，节数越多，蒴果数越多，产量越高。

（三）叶

芝麻是双子叶植物，子叶小，呈扁卵圆形。真叶由叶柄、叶片组成，而叶片由上下表皮、叶肉、叶脉三部分组成。表皮在叶的最外层，其上有茸毛和气孔。气孔的开闭控制着芝麻植株体内外的气体交换和水分蒸腾，起着重要的生理作用。表皮内为叶肉，由栅栏组织和海绵组织组成，内含许多叶绿体，是进行光合作用、合成有机养分的重要场所。叶脉的主脉位于叶片中部，分布于栅栏组织和海绵组织之间。侧脉呈网状布满全叶，叶脉、叶柄、茎和根的维管系统相通，共同完成植株的水分和养料输送。

叶片有单叶和复叶之分。叶序有对生、互生和轮生，也有在同株上对生与互生混合排列的。叶色有深绿、绿和浅绿，有极少数品种叶柄微呈紫色。

（四）花

芝麻花是大型的两性花，雌、雄蕊在同一筒状花内。由花柄、苞叶、花萼、花冠、雄蕊、雌蕊和蜜腺等构成。花柄着生在叶腋中的茎秆上，花柄的长短因品种而异。单花型和三花型品种的花柄较短，多花型和长蒴型品种的花柄较长。苞叶着生在花柄的基部，左右各1片，为绿色，披针形，是区别品种的特征之一。

芝麻的花序属无限花序，每叶腋只着生1朵花的为单花型，3朵花的为三花型，3朵以上的为多花型，又称单蒴型、三蒴型、多蒴型。芝麻属常异花授粉作物，天然异交率3%～5%，但在昆虫较多时异交率显著提高。芝麻开花高峰期是始花后10天，占总花量的60%～70%。出苗至开花需经30天以上时间。芝麻属短日照作物，日照短现蕾早，日照长则现蕾迟。同一株上花的开放有先后，因此，蒴果成熟极不一致。开花时间为早晨5～7时，一般开花期为30天，花期对水分敏感，遇旱要灌、遇涝要排，防止落花落果。

（五）蒴果

芝麻初生蒴果为绿色，后逐渐变黄，当种子呈本品种颜色时，外果皮失水而收缩，蒴果尖端易裂。蒴果短棒状，有棱，基部圆钝，上端扁而尖。常见蒴果有4棱、6棱、8棱三种，小于4棱或多于8棱为异型果。每棱有一排种子，棱数越多，蒴粒也就越多，多的可达130粒以上，少的仅有40粒左右。成熟时，蒴果有开裂和闭合的不同习性，分为裂蒴型、微裂蒴型和闭蒴型，微裂蒴型成熟时种子损失小，适于机械化收获，闭蒴型虽然损失小，但是不易脱粒。

（六）种子

芝麻种子由受精后子房内的胚珠发育而成，着生在中轴胎座上。种子形状呈扁椭圆形、长圆形和卵圆形，种子的一端为圆形，另一端稍尖，呈钝突状或锐突状。种子的背面有一条浅线条叫种脊。4棱型品种的种子呈扁平或椭圆形，多棱型品种的种子呈长椭圆形。一般多棱或短蒴的品种籽粒小，千粒重低；4棱长蒴品种籽粒大，千粒重高。种子有白、黄、褐、黑等基本色，各种颜色又有深浅浓淡之分，这主要是由于种皮细胞内色素的种类和数量不同所致。种皮色浅含油量高，色深含油量较低，即白＞黄＞褐＞黑。种皮薄、种子饱满光滑，含油量高，一般白芝麻含油量55%左右，黑芝麻含油量50%左右。

二、芝麻的生育期及环境条件

（一）芝麻的生长发育期

芝麻全生育期较短，春播一般100～120天，夏播80～105天，秋播70～

80 天。整个生育期划分为出苗期、苗期、蕾期、花期、蒴果期和成熟期。

1. 出苗期

从播种至出苗的一段时期为出苗期。在适宜温度、水分条件下，一般播后 4～7 天即可出苗。芝麻种子千粒重 2.5～3.0 g，顶土力弱，必须精细整地，抢墒播种，保证全苗壮苗。日均 20 ℃以上时，是芝麻的适宜播种期；最适宜的土壤含水量为 17%～23%，水分过多过少均影响发芽和幼苗的成活能力。积温 120 ℃左右，即可出苗。

2. 苗期

从出苗至现蕾的一段时期为苗期。出苗后 25～35 天，有 6～8 对真叶时开始现蕾。苗期生长缓慢，根系幼小，侧根数目少，主要分布在表土下约 10 cm 以内。此期栽培上要加强田间管理，达到全苗、壮苗，多分化花芽，为蕾花期的生长打下基础。

3. 蕾期

从现蕾至开始开花的一段时期为蕾期；心叶呈上耸状为进入现蕾期标志。一般夏播为 7～15 天，春播延长 3～5 天，秋播提前 2～3 天。蕾期生长速度加快，茎日平均生长达 1.8～2.0 cm，主根每天入土深度达 3～4 cm 及以上，每天可新增 3～4 条侧根，至初花时主根入土深度 50 cm 以上。

4. 花期

从初花到终花的一段时期为花期，花期长短与品种、播种期、田间管理和气温有关，一般春播 40 天左右，夏播 30 天左右，秋播 20 天左右。花期营养生长和生殖生长均较旺盛，边现蕾、边开花、边结蒴果。从初花植株上着生 23～27 对真叶时，便进入盛花期，大约 20 天时间，根长度可增加 60 cm 以上，入土深度达 1 m 以上。花期是对水、肥最敏感的时期，应加强管理。

5. 成熟期

从终花至主茎中下部叶片脱落、田间 70%以上中下部蒴果中籽粒已呈现出本品种固有特征的时期为成熟期，一般为 15～25 天。此期营养生长停止，主要是蒴果和种子发育成熟。

（二）芝麻生长发育的环境条件

1. 对温度条件的要求

芝麻原产于热带，为喜温作物，对温度的要求比较严格，生育期内要求有较高的温度和必需的积温。芝麻全生育期需要积温 2 500～3 000 ℃，生长发育适温为 20～24 ℃。芝麻种子萌发出苗的最低温度为 12 ℃，连续 3 天气温在 12 ℃以下，幼苗停止生长，易出现冷害。只有当温度达到 18 ℃以上时，芝麻种子才能正常发芽，当 3～4 cm 地温稳定在 18～20 ℃、气温稳定在 20 ℃以上时，即可播种，出苗整齐。气温如降低到 5 ℃以下，幼苗停止生长，容易使植株根系腐烂。

开花结蒴期，平均气温在 28～30 ℃有利于蒴果和籽粒发育，当气温低于 20 ℃时，易出现畸形花、不孕花。严重时可引起落蕾落花和蒴果发育不良。在生长后期遇到低温，也会引起生殖器官发育不良。

温度过高对芝麻开花受精也有很大的影响，尤其是在干旱情况下，极易发生高温热害，引起落花落蕾。

2. 对光照条件的要求

我国北方芝麻品种适应于长日照，南方品种为短日照。北种南引会使生育期缩短，植株矮小，产量降低，引种范围以不超过纬度 4°为宜。

芝麻全生育期都需要充足的阳光，是典型的喜光作物。适宜的日照时数为 9～13 h，超过 15 h 则开花期明显推迟或不开花。全生育期日照时数 600～700 h 为宜。日照与芝麻开花和成蒴关系很大，花期日照少，开花不能正常受精而脱落，或蒴果种子少，产量低。

3. 对水分条件的要求

芝麻为中等需水的作物，但对水分反应非常敏感，全生育期一般需水量为 200 m^3（折算为 301 mm），其中播种至出苗 8.1 m^3，出苗至现蕾 32.7 m^3，现蕾至开花 14.1 m^3，开花至封顶 106.5 m^3，封顶至成熟 39.4 m^3。

苗期土壤最适含水率为 16%～20%，群众经验是“手抓泥土能成团，丢下落地能散开”，这就是适宜播种出苗的土壤湿度。如果超过 24%发芽率降低。

现蕾开花期，植株生长迅速，需水量开始增加，占全生育期的 50%以上。结蒴期对水分最敏感，但又最不耐渍，以后需水又开始减少。花期对渍害反应敏感，盛花期受渍，蒴数减少，蒴小粒轻，含油量下降 3%左右，终花期受渍则更严重。但此时如果受旱，花蒴发育不正常，结蒴稀少，籽粒秕轻，严重减产。

4. 对土壤条件的要求

芝麻对土壤的适应性较强，疏松肥沃的土壤，能协调水、肥和空气供给的矛盾。沙质土最适合种植芝麻，土质疏松，结构优良，排水良好，适合芝麻生长发育所需的高燥条件；黏土或沙土也能种芝麻；河流湖泊沿岸的淤泥土或冲积土，也适合种芝麻。但沼泽土、盐渍土、强黑钙土和低洼地不适合种植芝麻。

适宜的土壤 pH 为 5.5～7.5，有利于芝麻的生长，过酸、过碱均不能种植芝麻。

5. 对养分的要求

芝麻是需肥量较大的作物之一，需从土壤中吸收各种各样的营养物质。其中吸收最多的是氮、磷、钾三要素，尤以氮素和钾素的需要量最大，磷次之。一般每生产 50 kg 芝麻，需氮 4.5～5 kg、五氧化二磷 1.25 kg、氧化钾 5～5.2 kg。产量增加，吸收氮、磷、钾的绝对数量也随之增加，但并非按比例增加。由于土壤中通常含氮量少，含磷、钾量较多，所以增施氮肥比增施磷、钾肥的增产要显著。一般增施纯氮 0.5 kg，可增产芝麻籽 0.25～5 kg，以氮、磷、钾配合施用的效果最好。

三、芝麻产量构成与潜力

（一）芝麻产量构成因素

芝麻产量构成的因素有单位面积株数、单株蒴数、蒴粒数和千粒重。

1. 株数

在芝麻的产量构成因素中，单位面积株数是形成芝麻单位面积生物产量和经济产量的基础。试验结果表明，当种植密度增加时，平均单株蒴数随之下降，但不按株数增加的比例下降，说明每亩株数和每株蒴数二者之间的关系并不是简单的直线关系，而是一种曲线回归关系。种植密度与单位面积产量之间也不是直线相关，而是一种抛物线相关关系。在一定范围内，芝麻单位面积产量随着密度的增加而增加，超过一定范围，单位面积产量则随着密度的增加而减少。只有当增加密度所带来的群体生产能力的上升，超过个体生产能力下降的总和时，密植才能增产。芝麻合理密植必须根据品种特性、土壤肥水条件、栽培管理等而定，才能获得高产。

2. 每蒴粒数和千粒重

种植密度确定之后，单株蒴数、蒴粒数和千粒重就成为影响芝麻产量的重要因素，与产量构成呈极显著正相关，其中以单株蒴数与产量的关系最为密切。在气候正常的年份，单位面积蒴数对产量影响最大。千粒重与产量的关系均表现为正相关，但受到单株蒴数与蒴粒数的影响，千粒重与产量的关系年份间表现不稳定。总之，在构成芝麻产量的三个直接因素中，对产量贡献大小的顺序为总蒴数＞千粒重＞每蒴粒数。高产栽培中应主攻单株蒴数与千粒重，即以增加单株蒴数为基础，以提高千粒重为重点，并力争每蒴粒数的增加。

（二）芝麻高产潜力

芝麻籽粒产量的高低，是遗传潜力和栽培环境共同作用的结果。随着科学技术的进步和科学种田水平的提高，芝麻的增产潜力逐步得到挖掘，河南省芝麻研究中心在许昌创建的高产试验中，通过充分协调芝麻产量构成三要素，在1.08亩田块上，创造出亩产251.8 kg的世界高产纪录；新疆清河县采用机械化轻简栽培技术，创造出356亩连片平均亩产194.1 kg的高产纪录；航芝1号在湖北、河南、安徽高产示范种植中，平均亩产达150 kg以上；中芝10号高产示范田最高亩产155.9 kg；中芝12号高产试验中，在气候正常条件下综合采用各种措施，获得了161.25 kg的产量。这充分说明，芝麻的高产潜力很大，有待进一步地研究挖掘。

总结多年来的栽培经验，芝麻亩产量75～100 kg的合理构成因素为：每亩蒴果量60万～80万，每蒴粒数65～70粒，千粒重3 g左右；亩产量200 kg以上的产量构成：每亩蒴果量100万～120万，每蒴粒数70～75粒，千粒重3.5 g左右（表4-2）。

表4-2　河南省芝麻研究中心高产攻关结果

品种	密度/（万株/亩）	蒴数/（万/亩）	蒴粒数/（粒/蒴）	千粒重/g	亩产量/（kg/亩）
豫芝4号	1.07	303.5	74.4	3.27	251.8
郑8805	1.00	95.7	69.6	3.49	232.5
郑8805	0.94	93.7	77.4	2.80	203.1

第三节　芝麻高产栽培技术

一、选用良种

（一）芝麻类型

我国有着悠久的芝麻栽培历史、丰富的芝麻种质资源，目前，种质资源科技工作者通过广泛搜集、征集，在国家芝麻种质资源中期库中，保存有 8 660 余份资源材料，在河南省农业科学院芝麻研究中心种质资源库内保存有 5 020 余份资源材料。通过对芝麻地方品种资源的搜集和整理，筛选出一大批优良芝麻农家种，先后选育出了一大批高产、稳产、高油、高蛋白、抗病、耐渍的芝麻优良品种。

1. 按株型分类

①多分枝型：有 8 个以上的分枝，且有第二次或第三次分枝。

②普通分枝型：有 3～8 个分枝。

③少分枝型：有 1～2 个分枝。

④单秆型：一般在正常密度下不分枝，但在早播、肥水较足时，茎基部会长出 1～2 个分枝。但不具遗传性，这是与分枝型区别的主要特征。

2. 按叶腋着生花数分类

每叶腋只着生 1 朵花的为单花型，着生 3 朵花的为三花型，着生 3 朵以上的为多花型，又称单蒴型、三蒴型、多蒴型。

3. 按花冠颜色分类

可分为白色、粉红色、浅紫色、紫色、黄色。

4. 按蒴果棱数分类

可分为 4 棱、6 棱、8 棱，或混生型。

5. 按蒴果长度分类

可分为长蒴型：蒴果长 2.5～3.5 cm；短蒴型：蒴果长小于 2.5 cm；瘦

长型：蒴果长大于 3.5 cm。

6. 按种皮颜色分类

可分为白、黄、褐、灰、黑色等。各色之间存在一些过渡色，如黑色又可分为乌黑、黑、褐黑、灰黑和浅黑色。

7. 按种子用途分类

可分为油用型、食用型或兼用型。

（二）品种选择

每个芝麻产区，都有各自的当家品种，但会随时间、新品种出现和栽培技术条件的变化而不同，在品种选择时要因地、因时、因品种制宜，综合考虑选择适宜的品种。

（1）白芝麻优良品种　生产上推广的品种有中芝 11 号、中芝 12 号、中芝 13 号、中芝 14 号、中芝 15 号、中芝 18 号、中芝 20 号、中芝 37 号、中芝 75 号、中芝 76 号、中芝 78 号、中丰芝 1 号、豫芝 11 号、郑杂芝 H03、郑芝 97C01、郑芝 98N09、郑杂芝 3 号、郑芝 12 号、郑芝 13 号、郑芝 14 号、皖芝 1 号、皖芝 2 号、皖杂芝 1 号、皖杂芝 2 号、皖芝 21 号、晋芝 2 号、合杂芝 1 号、合杂芝 2 号、丰芝 88 号、丰芝 98、晋芝 3 号、晋芝 4 号、晋芝 5 号、晋芝 6 号、辽芝 2 号、辽芝 5 号、吉芝 1 号、吉芝 2 号、鄂芝 5 号、鄂芝 6 号、鄂芝 7 号、金芝 8 号、赣芝 3 号、陕芝 3 号、冀芝 3 号、汾芝 2 号、漯芝 15 号、漯芝 16 号、漯芝 18 号、漯芝 19 号、驻芝 14 号、驻芝 15 号、驻芝 16 号、驻芝 18 号、驻芝 19 号等。

（2）黑芝麻优良品种　新育成的黑芝麻品种，有中芝 9 号、中芝 33 号、中芝 35 号、中油 94CH5、中油 94CH8、冀黑芝 1 号、冀黑芝 4 号、冀 9014、郑黑芝 1 号、驻芝 10 号、襄黑芝 2078、宁芝 2 号、青阳八角芝麻、赣芝 2 号、赣芝 5 号、赣芝 6 号、赣芝 7 号等；农家黑芝麻品种有阳新黑芝麻、霸王鞭黑芝麻、莒县黑芝麻、扶风黑芝麻、临湘黑芝麻、务川黑芝麻、贞丰黑芝麻、元阳黑芝麻、武宁黑芝麻、扶绥黑芝麻、崇左六棱黑、海丰八棱黑、陆丰黑芝麻、湛江黑芝麻、定安黑芝麻、崖州黑芝麻等。

二、整地播种

(一) 选地整地

1. 轮作换茬

芝麻不耐连作，连作将导致病害增加，地力下降，产量降低。据研究，芝麻茎点枯病菌核在土壤中可以存活达 2 年之久，5 年一轮换种植的发病率在 3%～5%，3 年一轮换种植的发病率在 5%～7%，而连作重茬发病率在 15%～20%，严重的达 51%～70%，重茬是引起根腐病和茎点枯病的一个重要因素，因此，每隔 2～3 年轮作一次，能有效地减轻病害。

2. 施肥整地

依据芝麻需肥规律，做到以地定产，以产定肥，测土配方施肥，底肥为主。中等肥力地块，设计亩产量 75 kg，每亩底施芝麻专用肥 50 kg。施后翻耕整地，达到深耕细耙，土壤细碎，上虚下实，地面平整，开沟定厢（北方为畦）。

芝麻种子小，含油量高，必须创造一个水分含量适宜，透性好，表土细、平、净的土壤环境，才有利于种子萌发和顶土出苗。目前，生产上以夏播芝麻为主，芝麻在气温高、蒸发量大的季节播种，季节性强，高产的关键是抓紧时间抢墒播种。做到边收割前茬作物、边施肥、边整地、边播种。一般按 200 cm 左右开沟定厢，北方干旱地区做畦。芝麻是耐渍性较差的作物，渍害轻的造成茎叶发黄，叶片枯萎，长势减弱，提前封顶，株矮蒴少，秕籽率高，产量和含油量下降。渍害重的造成根部腐烂，植株凋萎，天气放晴时很快就会死亡。因此，芝麻地应开好厢沟、腰沟和围沟，达到小雨田间不渍水、大雨不受淹，干旱时便于灌水。

(二) 精细播种

1. 适期播种

适时早播能延长营养生长时间，植株生长健壮，降低始蒴部位，节多蒴密，抗逆性强，产量高，品质好。目前全国芝麻主产区，以夏播生产为主，夏播适宜的播种期在 5 月下旬至 6 月上旬。若迟至 6 月下旬播种，生育前期温度高，幼苗生长加快，使始蒴部位抬高，节间变稀，现蕾开花提早，缩短了营养生长期。进入开花期后温度逐渐下降，生长速度减慢迫使植株顶部提早停止生长，生殖生长也缩短，结蒴少，出现植株上部不结实，中部籽粒不饱满的现象，造成减产。长江中游地区，抗灾播种的秋芝麻，宜在 7 月上中旬播种，南方地区可推迟到 8 月上旬播种。

北方冷凉地区、南方高寒山区，春播种植芝麻，以温度稳定在 18～20 ℃时播种。

2. 精量播种

芝麻种子千粒重 2.8～3.5 g，每 500 g 种子 16 万～20 万粒，一般田间出苗率 80%，可以出苗 12 万～16 万苗，根据机械播种或人工撒播、条播等播种方式不同，每亩播种量 150～300 g，播种深度 2 cm 左右。

三、田间管理

（一）化学除草

1. 杂草种类

根据全国主要芝麻产区田间调查，芝麻田杂草共有 66 种，其中禾本科杂草 16 种，莎草科 1 种，阔叶类杂草 45 种，分别隶属于 25 个科。禾本科杂草占发生杂草种类的 24.2%，阔叶杂草及莎草科杂草占杂草发生总数的 75.8%。一年生杂草约占发生数量的 81%，多年生杂草占杂草发生总数的 19%。

在全国分布广泛并主要发生的芝麻田杂草有马唐、马齿苋、反枝苋、牛筋草、狗尾草、香附子、刺苋等。

2. 化学防治

（1）播后芽前防治　每亩用 50%乙草胺乳油 70～100 mL 或 72%异丙甲草胺（都尔）乳油 150 mL，或 48%拉索乳油 200～250 mL，兑水 40～50 kg 稀释后均匀喷雾地面。要注意保持土壤湿润，施药后 20 天内不宜进行田间中耕，以免破坏药层而影响除草效果。

（2）芝麻出苗后除草　在杂草 2～3 叶期，每亩选用 10.8%高效盖草能乳油 20～30 mL、12%收乐通乳油 25～35 mL、15%精稳杀得乳油 50～75 mL 加水 50 kg 稀释后，喷施杂草茎叶上。保持田间湿润，施药后 20 天内不宜进行中耕。

（二）培育壮苗

1. 间苗定苗

田间出苗数常高于留苗数的 10 倍，出苗后及时间苗，防止出现苗挤苗，形成高脚苗、瘦弱苗、黄化苗和死苗。在第一对真叶期，结合中耕除草进行第一次疏苗；2～3 对真叶期，进行第二次间苗，3～4 对真叶时定苗。

2. 合理密植

大田芝麻的密度，因品种、种植季节、土壤肥力等而定，一般单秆型品种、夏播、中等肥力地块，每亩 15 000 株左右；分枝型品种、春播、肥力高的地块，每亩 8 000～10 000 株；秋季播种、肥力低的地块，每亩 18 000 株左右为宜。

3. 追肥促苗

芝麻一生中的养分供应，单靠底肥不能满足中后期生长发育、开花、结蒴的需要，生产过程中，要因苗制宜，适宜适量追肥。

（1）早追苗肥。定苗后，看苗情长势，适时适量追施促苗肥，单秆型品种在现蕾前追施，分枝型品种在分枝前追施，每亩施尿素 5～10 kg。

（2）稳施蕾肥。现蕾至初花期，是芝麻由单纯的营养生长，进入营养生长与生殖生长并进的阶段，根系吸收能力增强，植株生长速度日益加快，对养分的吸收量明显增多。此时追肥，能促进芝麻植株稳健早发、茎秆粗壮、叶色浓绿、蕾多的高产长相。每亩施尿素 5～6 kg，增加植株高度，有效果轴长度和果节数，促进花芽分化。

（3）根外喷肥。芝麻可以在封顶期和结蒴期，结合防治病虫害，进行根外追肥。一般选用磷酸二氢钾、尿素和硼肥等，使用磷酸二氢钾浓度为 0.3%～0.4%，硼砂为 0.1%，尿素为 1%。使用时，先将肥料溶解，加适量洗衣粉作为展着剂，宜在傍晚喷施。

4. 因苗调控

芝麻在高产栽培过程中，利用植物生长调节剂，可促进芝麻根系发育、防止植株徒长、调节营养生长与生殖生长，达到稳健生长，早开花结实，防止落花落蒴，实现蒴大粒饱，可提高产量 8%～30%。

(1) 抑制型调节剂。预防植株旺长的调节剂有矮壮素、缩节胺、多效唑、784-1等。可调节芝麻植株的形态发育，延缓纵向伸长，加强横向生长，促进芝麻种子萌发，增强根系活力，抑制营养生长，降低结蒴部位，增加叶绿素、蛋白质、糖类的含量，促进叶片光合作用和根系呼吸作用，增强气孔抗阻，降低叶面蒸腾，进而提升抗倒、抗高温、耐低温、抗旱能力，达到高产的目的。

(2) 促进型调节剂。促进型植物生长调节剂，如赤霉素、吲哚乙酸、802、增产灵等，能促进芝麻生长，增加单株叶片数，增强植株抗逆性，提前开花早结实，提高产量。

5. 适时打顶

一般芝麻顶部几个节位花朵不能正常形成蒴果而脱落，或即使形成蒴果也不能形成籽粒，从而消耗掉营养物质，因而要进行打顶。芝麻打顶，能抑制后期顶端生长，减少养分无效消耗，促使植株稳健生长，可防止黄梢尖和无效蒴果的形成，有效地延长根、茎、叶、蒴的功能期，从而提高产量和改进品质。据试验，打顶比不打顶蒴粒数增加16.8%，千粒重增加4.2%，秕粒数减少46.3%，种子产量增加10%～15%。打顶的适宜时期在开花盛期以后。植株生长好的打顶长度一般摘去主茎顶部1～1.5 cm；植株长势差的，可摘除顶部3～4 cm长的梢部。

(三) 病虫害防治

1. 病害种类及防治

(1) 芝麻病害种类　芝麻主要病害，真菌性病害有枯萎病、茎点枯病、叶斑病、立枯病、疫病、白粉病、根腐病、白绢病；细菌性病害有芝麻青枯病；病毒病有普通花叶病、黄花叶病、皱缩矮化病等。

芝麻病害发生的原因，与芝麻病害种类繁多、病源来源广泛有关，但病害的发生和流行，必须具有易感病的植株、一定数量的病原、发病的适宜温度和湿度三个条件。

1) 病原　病原主要包括真菌、细菌和病毒，这些病菌在条件适宜时，经过一定途径传播到植株上，导致植株发病。病原传播的方式主要有：种子带菌，空气传播，病株残体，土壤带菌，灌溉水带菌，设施带菌，昆虫传菌等。

2）适宜的发病条件　不同的病害发生、流行、侵染均需要一定的环境条件。除少数病害发病需在高温、干旱的条件下外，大多数病害适于在温和、高湿的条件下发生。多种病害发生的适宜温度为15～20℃，这也是芝麻生长发育所需的温度。因此，只要芝麻生长发育，病菌也就一定跟着发生、发展。

3）植株抗病性差　尽管有适宜的发病环境条件，有足够数量的病原，还必须有抗病力弱、易发病的植株方可发病、传播。这就是在相同条件下，不同的植株发病情况不一样的主要原因。

4）病害的传播途径　病原菌必须通过一定的途径才能侵入到其他植株上，造成病害的传播。茎点枯病、叶枯病、疫病等主要依靠风、水滴和田间操作来传播；青枯病等主要依靠灌溉水、土壤耕作、地下害虫等传播；病毒病依靠蚜虫和农事操作接触传播。传播途径的有与否，是病害发生的重要条件之一。

5）防治不力　病害的发生、流行，是一个由少到多、由轻微到严重的过程。如果在发病初期未能及早采取措施，或是措施不力，均会造成病害的发生、传播。

（2）综合防治技术　坚持预防为主，综合防治的植保方针，将农业技术防治、化学药剂防治、生物防治及物理器机械防治等有机结合起来，形成一个综合防治体系。一是选用抗病品种，二是实行轮作换茬，三是采用深沟窄厢种植，四是清除田间病株，五是化学药剂防治等。

2. 虫害种类及防治

（1）危害芝麻的虫害　芝麻虫害常见的主要有地老虎、蚜虫、甜菜夜蛾、芝麻天蛾、盲蝽象、芝麻螟蛾、土蝗、棉铃虫、蓟马、蝼蛄、金龟子、金针虫等多种害虫。发生普遍、危害严重的主要是小地老虎、蚜虫、甜菜夜蛾、芝麻天蛾、盲椿象等。

（2）芝麻虫害防治技术　搞好田间虫情观测预报，达到防治指标，选用对口农药，适时、适量喷施，控制虫害蔓延危害。

第四节　芝麻的采收与储藏

一、芝麻的收获

（一）芝麻成熟标志

芝麻的成熟标志，依据品种的不同而辨别，有两类情况：第一类品种，茎、叶及蒴果由青绿色转为黄色，大量落叶为成熟。第二类品种，成熟时茎、叶及蒴果仍呈青绿色。因而，鉴别芝麻是否成熟，不能只看植株外表颜色，必须根据种子成熟度和品种种子固有色泽进行判断。当植株中下部蒴果内种子饱满充分成熟，种皮均呈现品种固有色泽，中部蒴果灌浆饱满，上部蒴果籽粒进入乳熟后期，下部有2～3个蒴果轻微炸裂为适宜的收获期。即芝麻终花后20天左右逐渐成熟，或打顶后25天左右成熟。

（二）适期收获

芝麻花期长，下部蒴果即将成熟，而上部仍在开花，全株蒴果成熟度极不一致，但未成熟的蒴果在植株上能很好地进行后熟作用。若等到全株上下都达到一致成熟，则下部蒴果早已开裂，籽粒散失，丰产不能丰收。成熟后应选择早晚收获，避开中午高温阳光强烈照射，要轻割、轻放、轻捆、轻运，减少落粒损失。收割方法大多数采用人工镰刀割刈法，一般在近地面3～7 cm处斜向上割断，这样有利于植株的养分继续向籽粒转移，以促进后熟，增进籽粒饱满度，而且能减少泥土混入，比较省工，而且干燥快。近年来，机械割倒法和机械化联合收获法也逐渐在部分产区示范应用，取得了良好的效果，省时省工，降低生产成本。

（三）晾晒及脱粒

1. 晾晒

割取的植株束成小捆，以 20 cm 直径的小束（30 株左右）为宜，捆芝麻捆在主茎中下部，捆高了，蒴果捆在中间不易晾干而闷心，以至于霉烂；捆低了，上部易松散，不方便搭棚架。运至场院内，每 3～4 束支成棚架，蒴果向上，各架互相套架成东西行向排列，以利于曝晒和通风干燥。

2. 脱粒

当大部分蒴果裂开时，进行第一次脱粒，脱粒前要铺放布单或塑料布，以减少泥土混入。脱粒时倒提小束，两束相撞击，或用木棍敲击茎秆，使籽粒脱落，然后放回原处，如此进行 3～4 次后，再将芝麻束捆头朝上垂直向硬地上猛墩，再倒提茎秆并敲击，使剩余籽粒借反弹作用从蒴壳中脱出，基本上可脱粒干净。收割面积大的，可先堆放“闷堆”，对籽粒进行后熟处理。一般堆放 2～4 天，手伸入堆内感到发热时，立即散堆曝晒，进行脱粒 2～3 次就可把籽粒脱净。

3. 晒干除杂

脱粒后的芝麻籽粒，继续进行晾晒，先将晒场晒热后，再铺晒芝麻籽粒。因为芝麻籽粒光滑而细小，有效面积大，如晒场未预热而进行晾晒，会造成芝麻籽粒堆表层和底层吸热散湿不均衡，储藏时容易发生变质。晾晒时应薄摊、勤翻，并进行风选、筛选严格去杂，使其含水量在 7％以下，净度达 99％以上。

晾晒后的芝麻籽粒，必须摊晾充分降温后，再入库储藏。以防其籽粒堆内温度过高，余热长期不散，而引起不良变化。

二、芝麻的储藏及管理

芝麻籽粒含有大量的脂肪，储藏稳定性差，稍有疏忽，就会影响籽粒的质量。所以，在储藏时，除按一般籽粒储藏保管方法严格执行外，采取相应的综合储藏措施，才能达到安全储藏的目的。

（一）芝麻的储藏

1. 籽粒储藏特点

（1）芝麻籽粒堆通透性差　因为其籽粒细小，形态呈平椭圆形，顶端稍尖，籽粒之间空隙度小。再加上籽粒堆含杂质较多，其中细小尘土约占总杂质的80%。所以，籽粒堆通风换气阻力大，通透性较差。

（2）籽粒易吸湿返潮　芝麻籽粒种皮脆薄，子叶细嫩，籽粒细小，表面积大，胚大，并含有较多的脂肪及丰富的蛋白质等吸水力较强的亲水胶体。再加上籽粒堆含杂质较多，所以造成籽粒易吸湿返潮。

（3）籽粒易发热霉变　因其籽粒含脂肪较多，易吸湿返潮，籽粒堆通透性差，堆内湿热不易散发，而且带病菌较多，所以造成芝麻籽粒易发热霉变。

2. 芝麻籽粒储藏

籽粒入库前将库房清扫干净，用10%石灰水消毒，进行通风去潮，堵塞鼠洞，喷洒高效低毒杀虫药，将仓内所藏病虫全部杀死。然后在库房地面上铺设距地面 50 cm 左右的铺垫物，以便籽粒放在垫物之上，使其不与地面接触。

3. 芝麻储藏方法

分为包装、囤装和罐装三种。包装用化纤品或塑料薄膜双层黏合的特制防潮袋，既可控制温、湿度，又便于运输；囤装要在囤的上下或周围内侧加塑料薄膜作密封层，囤必须设置内径 30 cm 左右竹编散热筒，并用塑料膜镶好外径；罐装多为留种使用，可以防湿、防鼠、不生虫、不霉变，储藏效果好。不论哪种储藏方式，在储藏过程中，要注意随时检查温度和水分变化，发现问题及时处理。

（二）储藏管理

入库后，要经常检查芝麻堆中的温度变化，一般只要籽粒干燥，防潮措施严密，籽粒处在密闭之下，既防潮又与外界隔绝，籽粒温度变化不会太大。这是由于籽粒的呼吸作用会逐渐耗尽籽粒堆中的氧气，使二氧化碳增多。籽粒的呼吸作用减弱，就可以减少籽粒中的物质消耗，同时可抑制好气性的霉菌和害虫，减轻危害，保存籽粒的品质。在冬季低温情况下，应打开仓库进行通风，使籽粒温度降低，并有效地消灭害虫和抑制病菌。

思考题

1. 全球及我国芝麻生产与贸易数量是多少？

2. 我国芝麻主产省是哪些？生产数量是多少？

3. 芝麻生产的主要栽培技术有哪些？

第五章

油莎豆产业开发技术

第一节　油莎豆产业研发进展情况

油莎豆原产非洲尼罗河流域和地中海沿岸，栽培历史悠久，分布很广。油莎豆亦称“油莎草”“地下核桃”。莎草科一年生草本植物油料作物，栽培油莎豆地上长禾，地下结块茎果。须根系，叶片窄长坚硬，表面有角质层，叶片平均长 70 cm 左右，叶宽 0.5 cm，分蘖再生力和抗逆性较强。有较强的抗旱、耐涝、耐肥耐瘠耐盐碱。适应性强、优质高产、在疏松沙壤土的山坡地上生长最好。是一种优质、高产、综合利用价值很高的油、粮多用新型作物，也是美化、绿化环境的观赏植物。

据中国农业科学院油料作物研究所测定，果实含油率 30%，油脂成分：油酸 29%，亚油酸 38%，亚麻油酸 2%，棕榈油酸 236 mg/kg，蛋白质 40%。油液透明清亮，食味醇香，品质优于菜油，对高血脂、心血管疾病有独特的防治成效，称为新型保健油。油莎豆地上长“禾”，地下结果。每亩产鲜草 3 000 kg，是牛、羊、兔、鹅的好饲料；地下单产干果 400～600 kg，比花生、油菜产量和经济效益高。

一、油莎豆特点及我国的种植环境

油莎豆是从非洲引进的一种优质高产油料作物，油莎豆适应性强，根系兴旺，分蘖多，抗旱耐涝，耐瘠薄，耐盐碱，易种易管，可在沙滩、丘陵、林地、果园种植或套种。改进土壤，降低盐碱，固沙，防风，保持生态植被，调节局部气候。在我国南北各地的沙滩、山坡、丘陵、林间均可种植，抗旱耐涝，省工省肥。经新疆、北京、黑龙江、河北、湖南、湖北、山东、四川、内蒙古等地试种，一般亩产 750～1 000 kg。油莎豆于 20 世纪 60 年代就进入新疆伊犁地区试种，为防风固沙曾在新疆林业系统推广种植，其抗旱耐涝的特点充分利用了荒沙地，它除了可观的经济效益外，在防沙治理方面也是其他农作物无法比拟的，被称为“沙漠作物之王”。油莎豆主要收获地下核状根茎果，干果重 1.8 g/个，含有大量的糖分，其播种、管理、收获、储藏与花生相似，喜光、好气、耐旱、抗盐碱，我国南、北各地的红、黄沙壤土均可种植，在黄沙土壤上，产量更高。我国是农业国家，全国有 18 亿亩耕地，还有相当数量的荒漠、荒山和滩涂。选择其中一部分荒漠、荒山和林产地播种，在现用耕地上间作、套种，与现有粮棉作物轮作，三者加起来就是几亿亩。内蒙古自治区锡林郭勒盟多伦县，京津防沙源的百万亩樟子松造林规划中，在林间的沙性土壤正是油莎豆极佳的种植之地。

油莎豆是多年生莎草科植物，作为油料植物时，一年生栽培。全生育期仅 130 天，能大田播种，也可在果园、林地套种、间种和轮作，是安排年度种植方案和调剂茬口的优良油料植物品种。我国疆土广袤，地形复杂，经纬跨度大，加之气候变化异常，油料植物品种的选择必须是多元的、可逆的。在一些降水充分、冬季温度较高的山区、丘陵，结合树种改造，种些木本油料植物，只摘果不砍树，是切实可行的。但奢望“永动机”效应，一次栽种，终生坐收，不会取得好的经济效益。任何植物的重复栽培，均会造成不良遗传基因的复加和土壤养分的失衡，产量减少，病虫害增多。另外，还有长成期、退化期的问题，木本油料植物的长成期，少则三年，多则五年。我们提倡的是：“科技引导，多元开发，综合利用，注重效益”。即在多伦县这种特殊的地理位置，沙性土壤、林间种植油莎豆。油莎豆一季仅四个多月，其周期短的特性非常适合安排和调整。

种1亩油莎豆，等于种2亩左右的油菜或花生，因此被称为“油料植物之王”，完全可替代传统的油料植物。大面积推广、种植可促进农业产品结构调整，开展乡村产业，增加就业机会，给当地政府带来可观的税收。

二、油莎豆产业发展现状

（一）我国油莎豆生产处于起步阶段

1. 生产规模总体不大，区域分布广泛

20世纪60年代我国从保加利亚等国引进油莎豆种植，由于缺乏机械化收获技术，发展缓慢。2018年我国油莎豆种植面积约25万亩，实际单产300～400 kg/亩，总产约8.75万t。主要分布在东北、西北、黄淮和长江流域土壤沙性较重的地区。其中吉林省农安县约7万亩，黑龙江大庆约5万亩，河北邢台约3万亩，新疆昌吉、喀什2.5万亩，内蒙古赤峰等约2万亩，河南黄河故道约1万亩，湖北江汉平原和大别山区约0.5万亩，其他地区零星分布4万亩。

2. 国外引进品种为主，自主研发品种开始推广

我国油莎豆大面积应用的品种主要有四种。一是从保加利亚引进的圆粒豆型品种，主要分布在河北、河南、新疆、内蒙古，占总面积的50%，含油量25%左右，单产400～500 kg。二是从非洲引进的大粒圆豆型品种，主要分布于东北地区，约占总面积的30%，含油量25%左右，单产500～600 kg。三是长粒型品种，种植面积占10%，单产比圆粒豆型品种略高，但不易收获。四是我国选育的‘中油莎’系列新品种，主要分布于河北、湖北等产区，占总面积约5%，含油量29%～31%，单产600～700 kg/亩，最高单产达到1 050 kg。

3. 油莎豆产量和品质优势突出

油莎豆含油量20%～30%，亩产油量120 kg以上，单位面积产油量是大豆的4倍、油菜的2倍、花生的1.5倍。油莎豆油营养价值高，不饱和脂肪酸含量占比达80%以上，具有高油酸（68%）和低亚油酸（12%）的特点，品质与橄榄油相似，有利于降低心血管疾病风险。饼粕含淀粉45%、糖分

23%、粗蛋白质 8%，每亩可折合 0.65 亩的玉米产量；亩产干草 500 kg，粗蛋白质 10%，是草食动物优质饲草饲养。

（二）油莎豆消费用途多样，消费量总体较小

油莎豆的主要可利用成分为油脂和碳水化合物，直接产品有油莎豆油和饼粕，衍生产品有油莎豆饮料、无麸质面粉和油莎豆小食品等，主要消费对象为城乡居民烹饪和养殖业饲料加工。全国油莎豆消费量处于起步阶段，加工量和消费量都很小。年加工油莎豆油约 1 万 t，销售价格 100～200 元/kg，以产地零售和网络销售为主，用于烹饪用油。年产饼粕约 4 万 t，其中 2 万 t 用于加工油莎豆风味酒，剩余主要用于养殖业。

（三）油莎豆流通成本较高，加工以油用为主

国内油莎豆产业处于发展初期，油莎豆收获后，50%作为种子进行扩大生产；另 50%用于榨油，每年生产油莎豆油约 1 万 t，饼粕 4 万 t。随着油莎豆面积种植扩大，油用比例将会持续增加，规模稳定后油用比例将达到 95%以上。油莎豆的流通渠道建设相对落后，目前全国还没有成熟的批发零售市场。油莎豆企业通过订单在新疆、内蒙古、大庆等沙性土壤丰富的区域种植，收购后运回华北、东北和华中进行加工，运输成本较高，企业的资金压力和风险较大。

（四）油莎豆少量进口用于种用

目前，全球油莎豆生产面积不到 200 万亩，主要生产国有西班牙、尼日利亚、加纳等。只有西班牙从非洲少量进口，用于生产油莎豆饮料。我国部分企业于 2015 年前从非洲和西班牙进口了少量油莎豆，主要用于种用。

（五）成本收益高于主要经济作物

目前，由于油莎豆单产较高，国内种植总体偏少，产值和效益均居油料作物首位。近年来，油莎豆初级产品订单收购价为 5～6 元/kg，对外批发价一般为 8～12 元/kg，零售价（淘宝）为 25～40 元/kg。非洲加纳的油莎豆当地批发价 7～8 元/kg，到我国口岸价格约 15 元/kg。欧洲油莎豆油的网上销售价约 150 元/kg。小包装油莎豆油国内出厂价格 60～80 元/kg，欧洲为 450 元/kg。按当前收购价格计算，油莎豆亩产值达 1 500 元，净利润为 700 元，

超过花生 630 元、玉米 110 元、大豆 184 元（表 5-1）。

表 5-1 油莎豆与主要同季作物生产效益比较分析

主要经济指标	油莎豆	大豆	玉米	花生
单产/(kg/亩)	500	180	500	250
单价/(元/kg)	3	3.8	1.8	5.6
亩产值/(元/亩)	1 500	684	900	1 400
成本/(元/亩)	800	500	790	770
耕播	100	80	100	100
种子	40	30	40	150
化肥	120	80	150	80
农药	30	50	60	50
灌溉	70	100	100	100
灌溉	80	80	120	80
收获	300	60	120	150
干燥	60	20	100	60
净利润/(元/亩)	700	184	110	630

注：生产条件均为干旱沙化地区正常灌溉。

三、油莎豆产业发展前景展望

（一）国家日益重视油莎豆产业发展

2016 年，农业部《全国种植业结构调整规划（2016—2020 年）》指出“多油并举……在适宜地区示范推广油用牡丹、油莎豆等，增加新油源”。2017 年，提出了“结合种植业结构调整，选择区域性发展”的意见。2018 年，成立了油莎豆种植加工及装备技术专业委员会。2019 年，科技部在国家重点研发计划中部署油莎豆科技创新任务。2019 年，李克强总理对发展油莎豆发展建议做出重要批示，要求深入研究并推进。

（二）油莎豆有望成为弥补大豆的战略性产品

我国油料和食用植物油进口依存度分别高达 90%和 70%，国家粮食和食用植物油产业安全面临较大隐患。油莎豆防风节水优势突出，全国 26 亿亩沙化土地，如果利用 2%的面积，5～8 年可形成 5 000 万亩生产能力，每年可以增加食用油供给 600 万 t，替代玉米 1 900 万 t，饲草 2 500 万 t，可替代 1/3

进口大豆的油脂生产。

（三）油莎豆生产将持续稳定增长

2010 年以前，全国面积不到 1 万亩，2018 年发展到 25 万亩，种植规模迅猛发展，产业化推广开始发力。好易收、鑫科创等龙头企业建立了成熟的加工生产线，订单合作社实现了规模化种植，为油莎豆产业快速发展奠定了技术基础。短期内我国油莎豆生产仍呈现稳定增长的态势。

（四）消费将继续保持稳定增长趋势

预期未来 5 年，油莎豆油消费群体仍以收入较高的人群消费和礼品油为主，发展方向是替代橄榄油作为高端烹调油，消费将持续保持稳定增长趋势，达到 3 万～5 万 t。未来 10 年，油莎豆消费对象将转向中等收入家庭，发展方向为富含油酸的油莎豆油替代调和油作为健康烹调油，进入快速增长期，消费量增加到 100 万 t。

第二节　油莎豆生产技术

一、选地整地

（一）土地选择

油莎豆对土壤要求不严格，适应性强，红、黄沙壤土均可种植。由于油莎豆根系发达，块茎生长在地下，要获得高产，减少收获用工，栽培上要选择通气状况好的沙质土，或沙壤土种植，或者选择肥沃疏松的旱地、坡地、果园、菜地种植，这样有利于块茎形成，便于收获。水田尤其是渍水烂泥田，黏重的土壤、低洼易涝的地块，不宜种植油莎豆。这些土地，由于土质黏重紧实，不利于油莎豆块茎的生长发育，更严重的是落果率高收获困难，影响产量。

（二）精细整地

整地质量与种子萌发、出苗和幼苗生长有密切的关系。种植油莎豆整地要细致，整地质量要求做到平整、疏松、细碎、湿润。油莎豆整地要求起畦或起垄，畦宽不宜太大，沟宽 20 cm，沟深 30 cm，排水要好，如果在播种时渍水，会严重影响出苗。油莎豆的根系发达，属于浅根系，多分布在直径 40 cm 左右的范围内，块茎则分布在直径 30 cm 左右的范围内，深度距地表 10 cm 左右，所以播前应耙一次地，深度 20～30 cm，以利于块茎形成。如果翻得过深，则加深了块茎形成的部位，落果率高，收获困难。耙后要及时起垄镇压，以利于保墒保苗。在使用机械收获时，可根据机械作业的要求，适当调整畦宽和垄宽。

（三）施足基肥

油莎豆一般种植在沙质土壤，保水保肥能力差，施用化肥时很容易流失，为使油莎豆获得高产稳产，在整地时要施足基肥。结合深耕整地，施足基肥是夺取油莎豆高产稳产的重要措施。基肥要求量足、质优、养分全，以有机肥、农家肥和缓释肥料为主。一般在整地时亩施有机肥 1 500～2 000 kg，或商品有机肥 200 kg 并可加施 30 kg 复合肥做基肥，底肥一定要足。

二、种子处理

（一）精选种子

油莎豆种子要尽量选用上年收获的新种子，精选果大、饱满、无虫无损的种子，清除小粒、破粒与虫粒。浸种催芽前晒种 1～2 天，以提高发芽力和发芽势。

（二）浸种与催芽

油莎豆的块茎有大有小，有的饱满，有的不饱满，种皮比较坚实，播种后吸水时间较长，因此，往往出苗慢而不整齐，而且缺苗率高，严重影响产量。为了早出苗、保全苗，播种前必须进行选种和浸种催芽。浸种用 45 ℃的温水浸种 1～2 天，每天换水 1～2 次，以免变酸霉烂，影响发芽。种子充分吸水后可进行催芽，待种子露白后即可播种。夏播时可以不催芽。催芽方法有：

1. 堆放催芽法

将浸泡过的块茎装在草袋或筐里堆积在一起，盖上麻袋或草袋进行催芽，每天用 30～40 ℃的温水冲洗二次，经 2～3 天后发芽率可达 60%以上。

2. 沙床催芽法

把浸好的种子块茎放在沙床上，上面盖一层塑料薄膜，经 2～3 天发芽率可达 60%～80%。

3. 土坑催芽法

将浸好的种子块茎拌上一半沙土，在室温保持 20 ℃的条件下，放在 23 cm 左右深的坑里，上面盖上 3～4 cm 厚沙土，保持块茎湿润，经 3～4 天发芽率达 80%左右。

三、适时播种，合理密植

油莎豆一般在 20 ℃左右的条件下发芽最快，当地温稳定在 15 ℃以上时播种比较合适。过早播种易受低温危害，出苗时间会延长，影响出苗率，降低产量。播种过晚，影响块茎成熟，产量低。播种方法可采用育苗移栽，分株移栽，直接播种等方法。南方地区，气温较高，可以直接播种。直接播种省时、省工，适宜推广，穴播、条播均可。油莎豆的分蘖能力很强，每株有几十个，要适当控制油莎豆分蘖，促使块茎成熟饱满一致，减少落果率，提高单位面积产量。合理密植，在肥力较好的沙土地上每亩留苗 1.2 万～1.6 万株比较合适。油莎豆播种可采取穴播点播方法，行距 40～50 cm，株距 30 cm，播深 4～5 cm，每穴播 2～3 粒种子，每亩 12 000～16 000 株基本苗。在使用机械播种和机械收获时，可根据机械的要求，适当调整株行距。

四、田间管理

（一）病虫害防治

油莎豆生长期间，常受到地下害虫的危害。危害油莎豆的地下害虫主要有蛴螬、地老虎、金龟子、蝼蛄等，常咬食幼茎基部，造成缺苗断垄。播种前，可用 50%辛硫磷乳油加适量水，或 40%甲基异硫磷乳油 600～800 倍液，拌种防治地下害虫，用药量为种子重量的 0.1%～0.2%。

（二）查苗补缺

油莎豆出苗后，要进行查苗补缺，确保齐苗，这是高产稳产的基础。油莎豆出苗后10天，对未出苗的可进行补种；或者选择阴天从苗多的穴中移苗补栽，补栽后浇定根水，保证移苗成活。

（三）中耕除草

油莎豆苗期生长较慢，易受杂草危害，要及时中耕除草，以疏松土壤，提高地温，清除杂草，利于根系生长、促进分蘖和块茎膨大。由于油莎豆的根系比较浅，中耕时要浅耕，防止伤根。

（四）科学施肥

油莎豆生育前期，以营养生长和分蘖为主，需要较多的氮素营养，应以施氮肥为主。选择阴天或傍晚，每次用稀人畜粪尿，或用尿素15～20 kg兑水200 kg泼施，或大雨来临前撒施。在生长中后期，油莎豆是结果和果实膨大的重要时期，对磷、钾肥需要量较大，施磷、钾肥，增产效果显著。

（五）合理灌溉

油莎豆抗旱力较强，但需水量比较大。在整个生长期内需经常保持土壤湿润，特别是在分蘖期和果实膨大期，如果此时缺水则分蘖少、果少、果小、产量低。在分蘖期和果实膨大期，遇干旱时，应浇水灌溉，以土壤湿润为度。

（六）控苗促果

油莎豆茎叶生长极为旺盛，土地肥沃，氮肥施用过多或过晚，特别是在南方夏季高温多雨气候条件下，极容易导致徒长，严重影响产量，应注意控制茎叶过分生长。

1. 刈割控苗

在油莎豆生长期间，若地上苗茎生长过度旺盛，可以刈割控苗，以抑制生长过旺长苗。整个生育期中割2～3次为宜（可轮流分批割），在晴天下午割为好，割苗时以全草高度的1/3～1/2为宜，切忌像割韭菜一样贴地割。刈割的油莎豆茎叶，是良好的畜禽青饲料，也是果园改土的好肥源。

2. 化学调控

在生长中后期，为促进结果及块茎膨大，可在株高达40～50 cm时常喷施矮壮素，以控制茎叶生长，促进果实膨大和干物质积累。生长中后期，视苗长势按常规用量，喷施多效唑1～2次，以壮大果实，提高产量。

（七）适时收获

适期收获很重要，如收获过早，单株结豆果少，干燥后太瘪，产量低。如果收获过晚，一是地上草枯萎后无法拔蔸，增加收获难度；二是霜冻后油莎豆会发出阵阵油香，会引来许多害虫，造成减产，三是所含的脂肪也会逐渐降低。

油莎豆草叶变黄后，地下籽实绝大多数已变硬，用牙咬时响脆，断裂面平整，即可收获。夏播较晚，在霜来临前，应趁地上草未枯萎时抓紧收获。收获时应将地上草留 20 cm，其余部分割掉。土质疏松时，可用手连蔸拔起，蔸下有果 70%左右，或用锄挖起果实朝上，晒 1～2 天，再用手摘或用短木棒对蔸锤打，最后用筛子将果实筛净，晒干储藏。如用于榨油，应将鲜果装入篾篮，用清水冲洗泥土后，剔除空壳，须根，石块等杂质，晒干备用。

油莎豆的晒干率在 65%左右，脱粒后，应及时充分晾晒。当水分降到 12%以下时入库储藏。最好储藏在地窖或室内，以免冻伤休眠芽，降低发芽力，储藏室要保持通风透气。

油莎豆的收获比较费工。由于品种退化和无法机械化，使得油莎豆种植效益低、竞争力差，产业发展一直没有形成规模。传统油莎豆种植播种（点播）每亩需要用工 3 个，而收获更是个大难题，油莎豆主要收获地下块茎，由于根柄较细、容易断裂，所以收获过程中极易发生落果现象，收获 1 亩地需用工 15 个，其开支占每亩生产成本的 50%以上，极大地制约了产业发展。

为攻克上述技术瓶颈，中国农业科学院油料作物研究所油料作物逆境生物学创新团队，经过十多年攻关，突破了多项关键技术，成功选育出国内首个大粒型适宜机械化收获的高产高油的油莎豆新品种“中油莎 2 号”，并融合适期机播、化学调控、无人机植保、机械碎草和机械收获等技术，形成了油莎豆全程机械化生产技术，实现了油莎豆高产高效生产。

思考题

1. 油莎豆有哪些开发价值？
2. 油莎豆适应哪些区域生产？
3. 油莎豆的主要栽培技术有哪些？

参考文献

[1]农业部农产品贸易办公室、农业部农业贸易促进中心．2016年中国农产品贸易发展报告．北京:中国农业出版社,2016.

[2]国务院第三次全国农业普查领导小组办公室、国家统计局．中国第三次全国农业普查综合资料．北京:中国统计出版社,2019.

[3]国家统计局农村社会经济调查司．中国农村统计年鉴．北京:中国统计出版社,2020.

[4]湖北农村统计年鉴编辑委员会．湖北农村统计年鉴．北京:中国统计出版社,2020.

[5]傅廷栋．杂交油菜的育种与利用．武汉:湖北科学技术出版社,2000.

[6]陈爱武．油菜高产高效栽培新技术．武汉:湖北人民出版社,2010.

[7]廖庆喜．油菜生产机械化技术．北京:科学出版社,2018.

[8]万书波,郭洪海,杨丽萍,等．中国花生品质区划．北京:科学出版社,2012.

[9]皇甫自．花生无公害标准化生产技术．北京:中国农业出版社,2014.

[10]全国农业技术推广服务中心．花生测土配方施肥技术．北京:中国农业出版社,2011.

[11]张翔,司贤宗,毛家伟,等．花生高产高效施肥技术．北京:中国农业科学技术出版社,2015.

[12]范永强．现代中国花生栽培．济南:山东科学技术出版社,2014.

[13]万书波．花生品种改良与高产栽培技术．北京:中国农业出版社,2008.

[14]崔凤高．花生高产种植新技术．北京:金盾出版社,2009.

[15]王迪轩．花生优质高产问答．北京:化学工业出版社,2012.

[16]李欣,于景华．花生高产栽培实用技术．北京:科学技术文献出版社,2013.

[17]董文召,吴继华,殷冬梅,等．花生轻简化栽培技术．郑州:中原农民出版社,2016.

[18]罗鹏,刘璐．优质花生高产栽培技术．郑州:中原农民出版社,2018.
[19]卫双玲．芝麻高产与防灾减灾技术．郑州:中原农民出版社,2016.
[20]卫双玲,高桐梅,吴寅,等．一本书明白芝麻绿色高效生产技术．郑州:中原农民出版社,2017.
[21]王迪轩．芝麻优质高产问答．北京:化学工业出版社,2013.
[22]胡庆华．黑芝麻高产种植与加工利用技术．北京:科学技术文献出版社,2012.
[23]中华农业科教基金会．农业物种及文化传承．北京:中国农业科技出版社,2016.
[24]农业部种植业管理司．主要农作物起源与发展．北京:中国农业出版社,2003.
[25]冀彩萍．粮油作物生产新技术．北京:中国农业出版社,2017.
[26]杨艳斌,高广金．湖北农事旬历指导手册．武汉:湖北科学技术出版社,2019.
[27]周琼峰,周晓舟．作物生产技术(南方本)．北京:科学工业出版社,2011.
[28]蔡明历,王满困,高广金,等．粮棉油栽培与病虫防治新技术．武汉:湖北科学技术出版社,2011.
[29]高广金．一年农时农事农技早知道．武汉:湖北科学技术出版社,2007.
[30]王维金,朱旭彤,余德谦．作物栽培学．北京:科学技术文献出版社,1998.
[31]黄善香．中国种植养殖技术百科全书(第一卷)．海口:南方出版社,1999.
[32]湖北省地方志编纂委员会．湖北省志:农业(上)．武汉:湖北人民出版社,1994.